Micro y nanoplásticos
Riesgos y desafíos

M. Victoria Moreno-Arribas, Cinta Porte,
Amparo López-Rubio y M. Auxiliadora Prieto

 CSIC

Colección ¿Qué sabemos de?

Catálogo de Publicaciones de la Administración General del Estado:
https://cpage.mpr.gob.es

© M. Victoria Moreno-Arribas, Cinta Porte, Amparo López-Rubio
y M. Auxiliadora Prieto, 2025
© CSIC, 2025
http://editorial.csic.es
editorialcsic@csic.es
© Los Libros de la Catarata, 2025
Fuencarral, 70
28004 Madrid
Tel. 91 532 20 77
www.catarata.org

ISBN (CSIC): 978-84-00-11426-8
ISBN ELECTRÓNICO (CSIC): 978-84-00-11427-5
ISBN (CATARATA): 978-84-1067-362-5
ISBN ELECTRÓNICO (CATARATA): 978-84-1067-363-2
NIPO: 155-25-075-X
NIPO ELECTRÓNICO: 155-25-076-5
DEPÓSITO LEGAL: M-12692-2025
THEMA: PDZ/RNP/KNDC

Índice

Introducción

Los plásticos, por su versatilidad, durabilidad y bajo coste, se han convertido en materiales fundamentales en nuestra vida cotidiana. Sin embargo, su uso masivo y una gestión inadecuada de sus residuos han dado lugar a una de las amenazas medioambientales más graves de nuestro tiempo: la contaminación por plásticos, que ha despertado un creciente interés social, político y científico. Tras ser desechados en el entorno natural, los plásticos se desintegran mediante distintos procesos, lo que da lugar a fragmentos cada vez más pequeños: microplásticos (MP), e incluso en tamaños aún menores: los nanoplásticos (NP). Estas diminutas partículas, que a menudo forman mezclas complejas con aditivos químicos incorporados durante su fabricación, presentan propiedades diferentes a las del plástico original, lo que podría influir en su comportamiento en el ambiente y en los organismos vivos.

La contaminación por micro y nanoplásticos (MNP) se ha descrito en todos los compartimentos ambientales, desde la atmósfera superior hasta las profundidades de los océanos, así como en miles de especies marinas y terrestres.

Esto significa que, además de encontrarse en el aire que respiramos, estas pequeñas partículas terminan integrándose en la cadena alimentaria que está arraigada en los ecosistemas anteriores, llegando hasta nuestros platos y siendo ingeridas por los seres humanos.

Hoy sabemos que un amplio rango de alimentos y bebidas, tanto materias primas como productos procesados de consumo habitual, representan posibles fuentes de ingestión de micro y nanoplásticos. Incluso la forma en que manipulamos e ingerimos los alimentos puede contribuir a esta exposición. Además, la inhalación de estos representa otra vía potencial de exposición, especialmente en ambientes urbanos o interiores, aunque aún queda mucho por conocer sobre la fracción respirable, y tampoco está claro si las partículas más pequeñas podrían atravesar la piel. Durante los últimos años se han desarrollado técnicas específicas para el muestreo y análisis de estas partículas, lo que está permitiendo avanzar en la evaluación de su impacto tanto en el medioambiente como en la salud humana.

Cada vez disponemos de más evidencias de que los micro y nanoplásticos pueden acumularse en el intestino, en órganos y tejidos de numerosos organismos y en fluidos biológicos (incluidos los humanos), por lo que su posible toxicidad es motivo de preocupación. La última década ha sido transformadora para la investigación de los micro y nanoplásticos; el conocimiento ha crecido de forma exponencial, y aunque todavía queda mucho por entender, estamos mejor preparados para interpretar el alcance y la magnitud de la contaminación por plásticos en sus formas más diminutas, incluido el desafío de abordar la exposición humana.

Este libro describe los principales hitos y avances de la investigación sobre los micro y nanoplásticos, su impacto en el medioambiente, sus fuentes, su destino y los riesgos que representan para la salud pública. Además, desde la innovación científica, también aborda las estrategias más recientes para una gestión más eficaz de los residuos plásticos y nuevas soluciones para esta amenaza global, y analiza finalmente los primeros pasos que se están dando a nivel de la regulación internacional y europea para limitar su presencia en productos de consumo, en el medioambiente y la cadena alimentaria.

CAPÍTULO 1

Micro y nanoplásticos, ¿qué son y cómo se forman?

A día de hoy, es casi seguro que todo el mundo ha oído hablar de los micro y nanoplásticos; han pasado a formar parte de nuestra vida cotidiana. De hecho, están presentes en el aire, los alimentos y el agua que consumimos. En concreto, el término *microplástico* es tan relevante que fue elegido palabra del año en el año 2018 por la Fundación del Español Urgente (FundéuRAE), promovida por la Agencia EFE y la Real Academia Española, y que anualmente destacan y dan a conocer palabras con altísima repercusión a nivel global.

Los micro y nanoplásticos son pequeñas partículas o fragmentos de plásticos que, normalmente, provienen de residuos de productos hechos con estos materiales y que, no habiendo sido reciclados, acaban en el medioambiente. El término *microplástico* fue acuñado en 2004 por el científico marino de la Universidad de Plymouth, Richard Thompson, tras encontrar múltiples trozos de plástico del tamaño de un grano de arroz en la orilla de una playa inglesa (Thompson *et al.*, 2004).

La diferencia entre micro y nanoplásticos está en el tamaño de los mismos. Se consideran microplásticos aquellos fragmentos con tamaño inferior a 5 mm, mientras que los nanoplásticos hacen referencia a partículas con tamaños inferiores a 1 micra (μm) (es decir, la millonésima parte de un metro o mil veces más pequeñas que un milímetro). Esta diferencia de tamaño tiene además otras repercusiones. Por un lado, desde el punto de vista analítico, a día de hoy aún se están poniendo a punto las metodologías para la detección de nanoplásticos por la dificultad que supone la separación, cuantificación y análisis de partículas tan pequeñas. Por otro lado, la diferencia de tamaño puede afectar también a la potencial toxicidad de estas partículas plásticas, ya que las partículas de tamaño nanométrico son capaces de atravesar las membranas celulares y biológicas, que son nuestra barrera natural a la entrada de sustancias. Sin embargo, ambos rangos de tamaños son invisibles para el ojo humano, lo que hace que la población no esté del todo concienciada acerca de los riesgos que comportan.

Se ha demostrado que la contaminación por microplásticos es extremadamente persistente, prácticamente imposible de eliminar una vez se han liberado, y que se acumula de manera progresiva en el medioambiente.

Antes de profundizar en las características e implicaciones de estas omnipresentes partículas, hemos de conocer algunos conceptos básicos que nos ayuden a entenderlas mejor. El primero de ellos es la palabra *polímero*, que proviene del griego, donde *poli* significa 'muchos' y *mero* significa *fragmentos*. Los polímeros son cadenas formadas por muchos fragmentos (los monómeros) que se repiten a lo largo de las mismas. De forma gráfica, podríamos imaginar un polímero como un plato de espaguetis. Aunque seguramente un concepto que nos es más familiar es el de plástico, que no es ni más ni menos que uno o varios polímeros, mezclados con aditivos, o utilizando el mismo símil que en el caso anterior, sería el plato de espaguetis con su salsa. Y del mismo modo que tenemos muchos tipos de pastas y de salsas, también existen numerosos tipos de polímeros y de aditivos, que han hecho de los plásticos unos materiales altamente versátiles y con múltiples y variadas aplicaciones.

Los plásticos se fabrican a partir de polímeros sintéticos, cuyos monómeros provienen de derivados del petróleo. Al proceder de fuentes no renovables, la fabricación de estos monómeros implica que el carbono acumulado en el petróleo en forma de hidrocarburos a lo largo de los siglos se moviliza de forma masiva desde los yacimientos a la biosfera, lo que contribuye muy considerablemente al aumento de la emisión a la atmósfera de gases de efecto invernadero como el CO_2 y el metano. Esto ocurre a lo largo de todo su ciclo de vida, desde la producción hasta la eliminación, e impacta directamente en el cambio climático. De hecho, la industria del sector plástico es responsable de alrededor del 3-4% de las emisiones globales. A medida que aumenta la producción de plástico, se impulsa una mayor extracción de combustibles fósiles; así, las proyecciones estiman que los plásticos podrían representar el 20% del consumo mundial de petróleo para 2050.

A estos problemas hay que unir la tremenda problemática derivada de que este tipo de materiales, en su gran mayoría, son "recalcitrantes", o lo que es lo mismo, resistentes a la biodegradación. ¿Qué significa esto? Que son materiales altamente persistentes (permaneciendo cientos de años en el medioambiente), sin que ningún (micro)organismo terrestre o acuático sea capaz de hidrolizarlos para aprovecharlos como fuente de carbono. Y la pregunta que quizá surja es ¿por qué? Pues muy sencillo, porque, aunque parezca mentira, llevan con nosotros menos de un siglo, y su evolución y uso ha sido tan rápida y masiva, que no ha dado tiempo a esa evolución adaptativa que permita su biodegradación por parte de organismos vivos. Por tanto, en el medioambiente, los plásticos se degradan principalmente a través de procesos fisicoquímicos o abióticos (es decir, no mediado por seres vivos); así por ejemplo, el sol, el viento, el agua y la temperatura, entre otros, los van disgregando en partículas más pequeñas, contribuyendo a la contaminación de nuestro entorno.

La figura 1 muestra de forma esquemática el origen de los microplásticos. Por un lado, están los denominados microplásticos primarios, que se fabrican ya en pequeños tamaños para aplicaciones específicas y se adicionan de manera intencionada a una amplia gama de productos de uso cotidiano, como fertilizantes, detergentes, cosméticos, productos de limpieza o pinturas. Se usan también como material de relleno o incluso en recubrimientos artificiales utilizados, por ejemplo, en pistas deportivas. Sin embargo, la gran mayoría de microplásticos provienen de la degradación de desechos plásticos generados, principalmente, por actividades industriales y consumo doméstico. Estos se conocen como microplásticos secundarios. Los tipos de plásticos más conocidos de los que se derivan los microplásticos secundarios son el polietileno (PE), el polipropileno (PP), poliésteres como el polietilén tereftalato (PET) y poliamidas (PA). Una fuente destacada de contaminación derivada del sector de la pesca y acuicultura son los aparejos de pesca que quedan abandonados en el mar, aunque su contribución exacta aún no se conoce con precisión. Además, los microplásticos secundarios también se generan por el desgaste de materiales plásticos durante su uso diario. Algunos ejemplos habituales son el rozamiento de los neumáticos de los vehículos sobre el asfalto o el lavado de múltiples prendas de textiles y tejidos sintéticos, fabricados a partir de materiales plásticos comunes como las poliamidas o poliésteres.

Figura 1
Origen de los microplásticos (primarios frente a secundarios).

MICROPLÁSTICOS PRIMARIOS
Son añadidos intencionalmente en productos finales (pasta dentífrica, microperlas o microbeads, o pelets)

MICROPLÁSTICOS SECUNDARIOS
Provienen de artículos de plástico que se degradan por acción del aire y el agua, fragmentándose (envases, bolsas, juguetes, ropa y otros artículos)

La mayor preocupación en torno a los micro y nanoplásticos deriva, por un lado, de su omnipresencia y, por otro lado, del hecho de que no son biodegradables. Se han encontrado microplásticos en prácticamente todos los lugares en los que se han buscado, desde en fondos oceánicos hasta en el hielo del Ártico o en la cima del monte Everest. Aunque se sabe que la contaminación por microplásticos existe desde la década de los setenta del siglo pasado, solo en los últimos 15 años se ha empezado a reconocer su importancia desde el punto de vista de impacto medioambiental. Los últimos tres años han servido para llegar al consenso de que la contaminación por micro y nanoplásticos representa una de las principales amenazas para el medioambiente por su influencia en distintos ecosistemas y su omnipresencia.

Hay micro y nanoplásticos en el aire que respiramos, en el agua que bebemos y en los alimentos que comemos; de hecho, estos han pasado a la cadena alimentaria y forman parte de nuestra dieta. Se ha estimado, según un estudio de la Universidad de Newcastle en Australia, que ingerimos semanalmente unos cinco gramos de plástico, es decir, el equivalente a una tarjeta de crédito. Aunque esta es una estimación no validada científicamente, y los estudios difieren con respecto a la cantidad de plástico que ingerimos diariamente, lo importante es que todos estamos expuestos a estas sustancias en prácticamente todas las actividades diarias y a lo largo de nuestra vida. Se han encontrado microplásticos en alimentos como la cerveza, la sal de mesa y la miel (Thompson *et al.*, 2024). Con respecto a su presencia en alimentos que provienen del mar, se sabe por informes de la Organización de las Naciones Unidas para la Alimentación (FAO), que estos microplásticos están más presentes en las especies pequeñas, los crustáceos y los moluscos, ya que se consumen enteros, mientras que se consideran menos relevantes en el pescado fresco y productos de acuicultura.

Por otro lado, el hecho de que no sean biodegradables implica que se acumulan en el medioambiente, siendo tanto los plásticos como sus fragmentos, absorbidos o ingeridos por múltiples organismos y especies animales, especialmente marinas, causando problemas, no solo de contaminación, especialmente en nuestros océanos, sino incluso la muerte de animales por ingesta de plástico, enredos, asfixia, estrangulación o desnutrición causada por estos desechos.

Otras propiedades de los plásticos que potencian la problemática asociada a su deficiente gestión son su ligereza y su capacidad de absorción/adsorción (o de forma más genérica, sus propiedades de transporte de masa). La ligereza de los plásticos y de sus fragmentos derivados hace también que se dispersen y distribuyan ampliamente y con gran facilidad, llegando, como se ha comentado anteriormente, a sitios remotos donde probablemente no han sido utilizados jamás. Por otro lado, tal y como se muestra en la figura 2, la estructura de estos materiales hace que sean capaces de absorber/adsorber componentes del ambiente y transportarlos o liberarlos actuando, por tanto, de vectores para la distribución de tóxicos, plagas o incluso microorganismos patógenos.

FIGURA 2
A) Dibujo esquemático de la estructura semicristalina de un polímero (con rayas rectas las cadenas poliméricas empaquetadas en forma de cristales y onduladas la fase amorfa por donde tiene lugar el transporte de pequeñas moléculas). B) Propiedades de transporte de masa (a modo de ejemplo, polímero usado como envase alimentario).

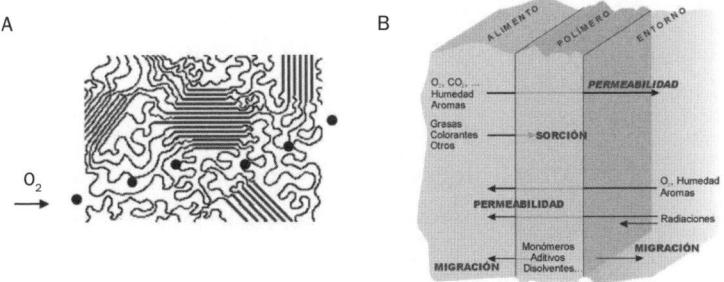

Los polímeros son materiales amorfos o semicristalinos que permiten el intercambio de sustancias pudiendo incorporar en su estructura distintos contaminantes, así como liberarlos en diferentes ambientes. De hecho, uno de los mayores peligros por la ingesta de microplásticos deriva de la presencia en muchos de ellos de los conocidos como PBT (contaminantes persistentes, bioacumulativos y tóxicos), además de los aditivos de procesado que se les añaden durante la fabricación de productos plásticos.

Llegados a este punto, surgen las siguientes preguntas: ¿cómo hemos llegado a esta situación? ¿Cuál es el impacto que están teniendo los micro y nanoplásticos en el medioambiente? ¿Y en la salud humana? ¿Qué podemos hacer para minimizar los daños derivados? Aunque muchas de estas cuestiones son difíciles de contestar, en gran parte por la dificultad intrínseca en la evaluación de estos efectos por la limitación actual de datos fiables y comparables, en los próximos capítulos intentaremos aportar información al respecto que ayude al lector o lectora a entender un poco mejor la problemática y posibles soluciones que la ciencia está investigando.

CAPÍTULO 2

Nuestra adicción al plástico

La producción de plástico ha aumentado de manera exponencial desde mitad del siglo XX, habiendo producido nada menos que 8300 millones de toneladas de plástico desde entonces. Hay, por tanto, más de una tonelada de plástico en el mundo por persona: 8300 millones de toneladas de plástico por unos 8000 millones de seres humanos.

A pesar de la problemática asociada con esta producción masiva y con la deficiente gestión de los residuos plásticos generados, se espera que la demanda en el mercado de plásticos continúe al alza. Las previsiones indican que los niveles de producción de plásticos pueden alcanzar los 600 millones de toneladas en 2025 y exceder el billón de toneladas hacia 2050 (Geyer *et al.*, 2017). Y es que los plásticos nos acompañan a lo largo de nuestra vida, ya desde el biberón o el chupete que nos dan de bebés. Si echamos un vistazo a nuestro alrededor, la mayor parte de los objetos que nos rodean contienen plástico. Somos adictos a los plásticos, entendiendo la adicción como la dificultad para prescindir de ellos o nuestra dependencia de los mismos. Pero ¿qué es lo que nos ha hecho tan dependientes? A lo largo de los próximos capítulos se analizarán sus principales propiedades, pero adelantemos algunas razones que explican este fenómeno.

Su versatilidad es, sin duda, la principal ventaja de los plásticos frente a cualquier otro material que tengamos en mente. Ya lo hemos comentado en el capítulo anterior, pero la gran cantidad de polímeros disponibles en el mercado y la posibilidad de modificar sus propiedades mediante modificaciones químicas, el uso de aditivos, mezclas de distintos polímeros o incluso combinaciones con otros materiales hace que los plásticos puedan adaptarse a cualquier tipo de aplicación y uso imaginable. Se puede modificar, por ejemplo, su apariencia, pudiéndose producir desde materiales totalmente transparentes hasta coloreados o incluso con capacidad de ser imprimidos. Del mismo modo, los plásticos pueden procesarse mediante diferentes tecnologías que permiten, a su vez, una amplísima variedad de formas y formatos.

Entre las tecnologías con las que pueden procesarse los plásticos destacan la extrusión (o coextrusión), la inyección, el soplado o incluso la impresión 3D. La formulación utilizada afecta también a las propiedades mecánicas de los productos plásticos producidos (pueden fabricarse desde plásticos muy flexibles, como los de las bolsas, hasta materiales con alta dureza y prestaciones, como los plásticos aeroespaciales).

Otra de las grandes ventajas que ha promovido su creciente uso en distintos sectores es su ligereza, y es que, comparado con otros materiales, tiene una baja densidad y, por tanto, es un material ligero, lo cual tiene ventajas no solo desde el punto de vista logístico (que afecta a su vez al coste económico de transporte y al coste energético), sino también desde el punto de vista de aplicación, ya que para numerosas aplicaciones se prefiere el uso de materiales livianos. Un ejemplo claro es la evolución de los materiales utilizados en el sector automovilístico que, a pesar de continuar utilizando acero, aluminio y otros metales en partes estructurales del automóvil, han incorporado de forma destacada el uso de materiales plásticos con reducciones de peso entre el 17 y el 50%, consiguiendo así aumentar las prestaciones finales del vehículo y aportando otra serie de ventajas tales como las buenas propiedades de aislamiento térmico, eléctrico y acústico.

Por supuesto, otro factor que influye en el uso masivo de plásticos es su bajo precio. La fabricación de plástico es mucho más barata que, por ejemplo, la del metal o el vidrio, lo cual repercute en el precio final de la materia prima. El papel o cartón es más barato, pero sus propiedades y versatilidad están muchísimo más limitadas que las de los plásticos y, por tanto, solo sustituyen a estos últimos en aplicaciones muy concretas.

Con todo lo expuesto, queda claro por qué los plásticos han sido considerados los materiales casi perfectos. Si no fuese por su acolchado y su impacto negativo para el medioambiente, estaríamos ante los materiales ideales porque, además, los polímeros son inertes, es decir, no reaccionan con otros compuestos. Por tanto, en este punto vale la pena puntualizar que es justo reconocer el papel crucial que han jugado los plásticos en el desarrollo industrial y que no hemos de demonizar estos materiales, sino hacer un análisis sobre la necesidad de la sustitución o mejor gestión de los mismos en determinadas aplicaciones o sectores. Para ello, en primer lugar, hagamos un análisis del uso de los plásticos; ya hemos adelantado que se emplean en casi todos los sectores, pero ¿en qué porcentaje? Y lo que es más importante, ¿cuál es su vida útil? A continuación, abordaremos estas cuestiones.

La figura 3 muestra, a modo de ejemplo, el porcentaje de consumo de plástico en España en 2018 por sector de aplicación, según los datos de una plataforma global de análisis. Aunque estos porcentajes pueden variar ligeramente dependiendo de la fuente consultada, al hacer una búsqueda rápida se puede comprobar que, en todos los estudios disponibles, el sector del envasado supone más del 40% del consumo total de plásticos, una cifra muy superior a la del resto de sectores en los que también se emplean estos materiales.

FIGURA 3
Distribución porcentual del consumo de plástico en España en 2018, por aplicación.

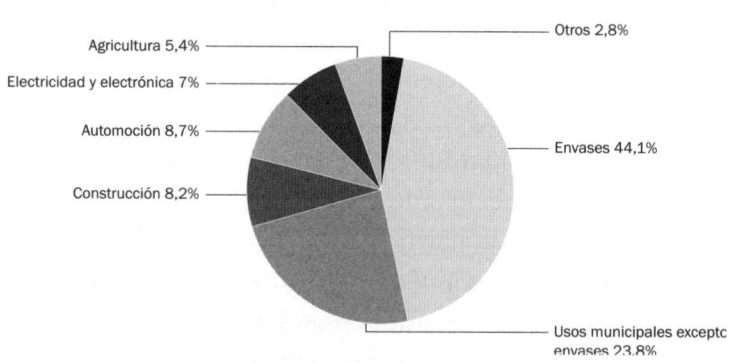

FUENTE: CICLOPLAST, ANARPLA; STATISTA 2024.

Con respecto a la vida útil, no es lo mismo un plástico producido para ser usado en el sector eléctrico o electrónico, cuyo ciclo de vida en uso es elevado y que, además, proporciona unas excelentes propiedades como aislantes, que los denominados plásticos de un solo uso, como los que se emplean en los envases, con un tiempo de uso muy limitado y que rápidamente pasan a formar parte de la ingente cantidad de residuos que producimos diariamente y que son los verdaderos responsables de la contaminación de la que estamos siendo partícipes. De hecho, los datos en aumento sobre análisis de microplásticos en distintos escenarios desvelan que la mayor contribución proviene de polímeros ampliamente utilizados en el sector de envasado y de la industria textil. A modo de ejemplo, incluimos en la figura 4 algunos de los datos recopilados en el proyecto LAGOON financiado por la Generalitat Valenciana y ejecutado en el Instituto de Agroquímica y Tecnología de los Alimentos (IATA) del CSIC. En este estudio se evaluó la presencia y tipo de microplásticos presentes a lo largo del ciclo del agua en la Comunidad Valenciana, analizando aguas como lodos de diversas estaciones de depuración de aguas residuales y de estaciones de tratamiento de agua potable, con el fin de estimar la eficacia de las mismas en la eliminación de microplásticos (Girón-Guzmán *et al.*, 2024).

Los datos de la figura 4 nos muestran, tal y como se había comentado, que muchos de los plásticos pueden provenir de envases, como el polipropileno (PP), polietileno (PE), polietilén tereftalato (PET, ampliamente usado en botellas de agua) o poliestireno (PS) o bien de textiles (aunque algunos de estos materiales también están presentes en envases) como las poliamidas (PA) o el nitrilo. Se encontraron también otro tipo de microplásticos como el politetrafluoroetileno (PTFE), más conocido como teflón, o polisulfonas (PSU), que podrían provenir de las tuberías y sistemas de filtración de las propias estaciones depuradoras.

Figura **4**
Porcentaje de distintos tipos de microplásticos identificados en aguas tanto de entrada como de salida de una planta potabilizadora de la Comunidad Valenciana.

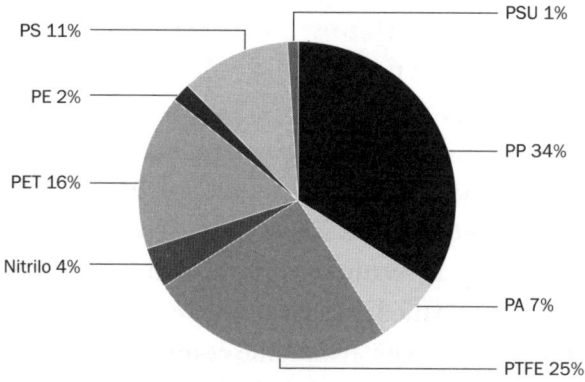

PSU 1%
PS 11%
PE 2%
PET 16%
Nitrilo 4%
PP 34%
PA 7%
PTFE 25%

Fuente: Datos del proyecto LAGOON, Prometeo 2021-044.

Por tanto, parece claro que, nuestra "desintoxicación" de los plásticos debe comenzar por aquellos que están provocando un mayor impacto medioambiental y son en los que deberíamos enfocar nuestros esfuerzos, bien para una mejora considerable de la gestión de los residuos producidos, bien para la búsqueda de alternativas, porque como se mostrará en los próximos capítulos, existen ya evidencias científicas que nos muestran cuán perjudiciales pueden ser estas pequeñas partículas plásticas para el medioambiente y para nuestra propia salud.

CAPÍTULO 3

La amenaza de los microplásticos para los ecosistemas

Los micro y nanoplásticos, como ya se ha comentado, son contaminantes ubicuos, es decir, que se encuentran en todas partes, desde las montañas del Himalaya a los fondos abisales de los océanos, pasando por los suelos agrícolas, ríos y lagos, e incluso en el aire que respiramos. Su presencia en una variedad tan amplia de ambientes refleja la magnitud y la extensión global de la contaminación, así como la capacidad de estas partículas plásticas para ser transportadas a través de diferentes medios y distancias.

Antes de describir las posibles amenazas que representan para la salud de los ecosistemas, conviene repasar brevemente cuáles son las principales vías de entrada en los ecosistemas y sus flujos, porque solo conociendo esta información, podremos intentar reducir su liberación al medioambiente y mitigar su impacto.

Si comenzamos por los ecosistemas terrestres, las prácticas agrícolas como el uso de fertilizantes encapsulados, el uso de plásticos agrícolas y en particular los usados para recubrimiento de suelos o "acolchado", y el riego con aguas contaminadas, son fuentes importantes de entrada de micro y nanoplásticos en el suelo. Sin olvidar los lodos de depuradora, que retienen cantidades importantes de pequeños fragmentos de plástico durante el tratamiento de aguas residuales, y que cuando se utilizan como fertilizantes o compost contribuyen a la contaminación del suelo. Otra fuente de entrada de micro y nanoplásticos en el medioambiente son los vertederos de desechos plásticos. Aquí, los plásticos se fragmentan debido a la exposición a microorganismos, radiación ultravioleta y humedad entre otros factores, y pueden ser transportados a nuevas áreas por el viento, el agua o animales como las lombrices. En el aire también encontramos micro y nanoplásticos, que pueden provenir del desgaste de neumáticos, textiles sintéticos y emisiones industriales, y pueden viajar largas distancias, contaminando tanto áreas urbanas como rurales y zonas remotas. Estudios recientes demuestran que la entrada de plásticos a los ecosistemas terrestres es del orden de 10 a 40 millones de toneladas anuales, una cantidad que es entre 3 y 10 veces mayor que la que se estima entra en los mares y océanos (OCDE, 2024).

Los micro y nanoplásticos también tienen múltiples vías de entrada a los ecosistemas acuáticos. La deposición atmosférica, las fugas de residuos provenientes de alcantarillado y vertederos mal gestionados, las plantas de tratamiento de aguas residuales, el agua de lluvia que transporta micro y nanopartículas desde diversas fuentes, incluyendo polvo de carretera, plásticos degradados en vertederos y residuos industriales, así como las actividades pesqueras (por ejemplo, el desgaste de equipos plásticos, la pérdida de redes), son algunas de las posibles fuentes.

Se estima que entre 4,8 y 12,7 millones de toneladas de plástico entran cada año en los océanos. Esto ha dado lugar a la formación de islas de basura con un gran impacto negativo para la fauna —se calcula que pueden provocar la muerte de más de un millón de organismos al año— y representan una fuente inagotable de micro y nanoplásticos y de aditivos plásticos en el medio marino. La basura plástica que generamos es arrastrada por las corrientes marinas hacia los vórtices o remolinos generados por los grandes flujos giratorios de los océanos, donde se van agrupando y acumulando los plásticos, que lentamente se van desintegrando por la acción de las olas, el viento y el sol en partículas más pequeñas y más perjudiciales para el medio. Actualmente, existen cinco grandes islas de basura documentadas en nuestros océanos: la detectada en el Pacífico norte tiene un tamaño equivalente a Francia, España y Alemania juntas. Pero estas espectaculares islas de plástico son solamente la punta del iceberg. Se estima que el 85% del plástico que entra en los océanos permanece oculto bajo el agua, acumulado en sedimentos a grandes profundidades. La basura oceánica prolifera de tal forma que hasta el Foro Económico Mundial (WEF) prevé que en 2050 los océanos podrían contener más toneladas de plástico que de peces.

Teniendo en cuenta todo lo anterior, queda claro que además de remediar la contaminación, es decir, buscar estrategias de eliminación del plástico de los ecosistemas, también es fundamental disponer de herramientas analíticas fiables que permitan cuantificar la presencia de las partículas plásticas en los ecosistemas acuáticos y terrestres, así como en el ambiente en general. Sin embargo, esta no es una tarea fácil, como veremos a continuación.

El desafío de determinar y cuantificar micro y nanoplásticos en los ecosistemas

Determinar de la manera más precisa posible la presencia de las partículas de micro y nanoplásticos en los ecosistemas y el grado de exposición de los distintos organismos es uno de los principales desafíos a la hora de evaluar sus riesgos para la salud ambiental. La enorme diversidad de estas partículas, en términos de tamaño (que abarca desde los 5 mm hasta 1 nm), morfología (fragmentos, fibras, esferas, etc.), composición química y concentraciones en los distintos ecosistemas convierten su análisis en un reto de una complejidad inmensa. El proceso analítico implica manipular partículas muy pequeñas, extraerlas de matrices ambientales muy complejas e identificar con precisión el tipo de polímero, tamaño y forma. Esto es especialmente complicado en el caso de los nanoplásticos, cuyo comportamiento físico y químico difiere del de las partículas más grandes, dificultando su detección e identificación. En el caso de las partículas más pequeñas, los métodos actuales presentan limitaciones significativas en la recuperación, cuantificación y caracterización de estos tamaños (WHO, 2022).

Diversas técnicas analíticas se están adaptando a este desafío, aunque lentamente, como la espectroscopia Raman, la microespectroscopía infrarroja por transformada de Fourier (μ-FT-IR), la pirólisis acoplada a cromatografía de gases-espectrometría de masas (Py-GC-MS) y otras técnicas emergentes como la espectrometría de masas con ionización por desorción láser (LDI-MS). Sin embargo, estas técnicas tienen limitaciones tanto en la detección de partículas menores de 1 micra como en la caracterización de mezclas complejas de polímeros.

Figura 5

Los micro y nanoplásticos tienen un tamaño similar al de muchos organismos biológicos y su análisis se vuelve más difícil y costoso a medida que se hacen más pequeños.

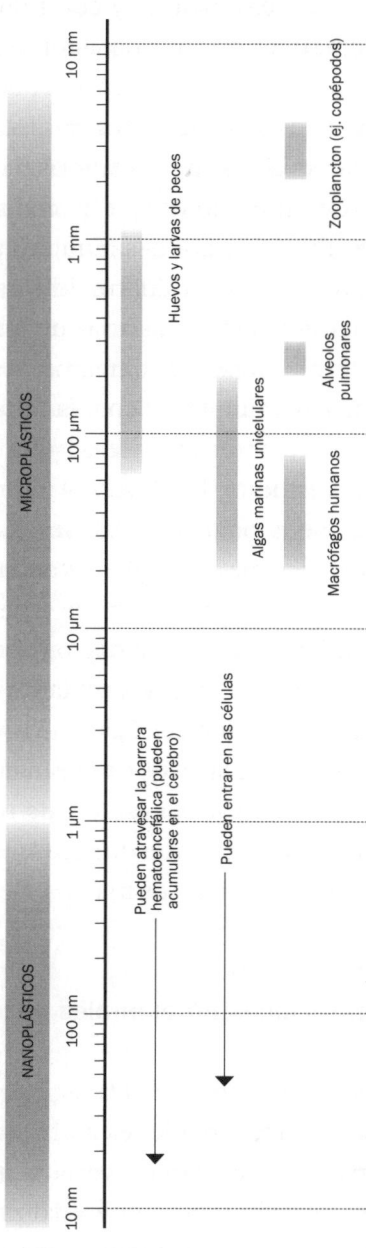

MICROPLÁSTICOS A ESCALA
Los micro y nanoplásticos tienen un tamaño similar al de muchos organismos biológicos y se vuelven más difíciles de analizar a medida que se hacen más pequeños.

Nota: Nuestro ojo solo ve los MP mayores de 1 mm y un microscopio óptico ve los mayores de 100 um. Para visualizar tamaños inferiores necesitamos técnicas especializadas.
Fuente: Adaptada de XiaoZhi (2021: 22-25).

A pesar de estos avances analíticos, la detección y cuantificación fiable de partículas de plástico de tamaño inferior a 200 micras, y en particular de nanoplásticos, tanto en el medio acuático como en sedimentos o las partículas acumuladas en los tejidos de los organismos, sigue siendo un gran desafío, especialmente para partículas menores de 100 nm, a pesar que su presencia generalizada en organismos es indudable (figura 5). Esto se debe no solo a la dificultad de aislarlas de los medios en los que se encuentran —agua, sedimentos, tejidos biológicos, aire, entre otros—, sino también a la falta de métodos estandarizados internacionalmente, lo que limita la comparabilidad de los estudios. De hecho, el informe de la Organización Mundial de la Salud (OMS) resalta la necesidad urgente de desarrollar metodologías estandarizadas y controles de calidad rigurosos, con el fin de generar datos consistentes que permitan evaluar con mayor certeza los riesgos para la salud humana y el medioambiente. Por tanto, la evidencia científica más reciente señala que la presencia generalizada de micro y nanoplásticos en organismos acuáticos y terrestres es ya indiscutible, pero queda mucho por conocer sobre sus rutas de exposición, acumulación, translocación a tejidos y posibles efectos tóxicos.

Concentraciones ambientales de micro y nanoplásticos

Con las limitaciones analíticas que tenemos en este momento, las concentraciones ambientales de micro y nanoplásticos exhiben amplias variaciones según el estudio, la técnica utilizada y la matriz analizada (agua, sedimentos, aire, suelos). Las limitaciones actuales en la detección y cuantificación de estas partículas, especialmente en el rango nanométrico (<100 nm), dificultan la obtención de datos comparables y estandarizados.

Si nos centramos en el medio acuático, encontraremos que en los últimos años se han descrito concentraciones de microplásticos que varían entre 1-6 µg/L y 7 mg/L en aguas superficiales y ambientes marinos. Estas son medidas de concentración muy pequeñas, que indican cuánto hay de una sustancia dentro de un litro de agua. Así, 1 microgramo (µg) es una millonésima parte de un gramo (1 g = 1000,000 µg), mientras que 1 mg es la milésima parte de un gramo (1 g = 1000 mg). Dicho de modo más gráfico, 1 µg/L equivaldría a una gota de tinta en una piscina olímpica y 1 mg/L sería como un grano de azúcar en una botella de 1 litro de agua. Por su parte, las concentraciones de nanoplásticos, en particular de partículas menores de 200 nm, son generalmente más bajas, situándose entre 0,3 y 488 µg/L en agua dulce y entre 2,7 y 67 µg/L en agua de mar. Pero estas son solo estimaciones, ya que estas concentraciones son muy difíciles de cuantificar. Por otro lado, esta diferencia es probablemente debida a la baja sensibilidad de los métodos de análisis actuales.

Además del agua superficial, los sedimentos —el material que se acumula en el fondo de ríos, lagos y océanos— actúan como uno de los principales sumideros de micro y nanoplásticos en los ecosistemas acuáticos. Los valores reportados en sedimentos marinos y de agua dulce varían considerablemente según la ubicación y la profundidad del muestreo, alcanzando concentraciones de hasta 690 000 partículas por kilogramo de sedimento seco en algunas zonas altamente contaminadas.

Bajo determinadas condiciones hidrodinámicas, estas partículas pueden resuspenderse y volver a incorporarse de nuevo a la columna de agua, lo que las convierte en una fuente continua de contaminación.

En el caso de la escorrentía superficial (el agua de lluvia que arrastra residuos por la superficie del suelo) y los afluentes o desechos provenientes de aguas residuales también son importantes vías de entrada de microplásticos y nanoplásticos en los ecosistemas acuáticos. Incluso las plantas de tratamiento de aguas residuales de tratamiento avanzado, no logran eliminar completamente estas partículas, liberando concentraciones que pueden superar las 1000 partículas por litro en los efluentes, es decir, en el agua que devuelven al medioambiente.

Por otro lado, también se han identificado reservorios de micro y nanoplásticos en ambientes terrestres y polares. Nieve, hielo y glaciares del Ártico han revelado la presencia de microplásticos transportados por el aire. En zonas remotas de los Alpes y el Ártico, se han detectado hasta 14 000 partículas por litro de nieve, lo que muestra hasta qué punto estas partículas pueden viajar a través de la atmósfera. Además, el hielo marino puede atrapar estos contaminantes, que se liberan nuevamente con el deshielo, aumentando su presencia en el océano.

En un estudio reciente realizado en 38 lagos localizados en 23 países en ambos hemisferios y donde únicamente se determinaron microplásticos de tamaño superior a 250 micras en la columna de agua, se detectó que fibras y fragmentos eran los tipos más abundantes de microplásticos. Esto sugiere que los microplásticos secundarios, es decir, partículas que resultan de la fragmentación de artículos plásticos más grandes, son los más comunes en el ambiente acuático (Nava *et al.*, 2023), mientras que los *pellets* y esferas, cuya forma sugiere un origen primario, representaron menos del 1% de los plásticos.

En cuanto a los polímeros detectados, poliéster, polipropileno y polietileno fueron los más abundantes, con porcentajes del 30, 20 y 16%, respectivamente. Esto no es sorprendente porque el polietileno y el polipropileno representan más de la mitad de la producción mundial de plásticos (36 y 21%, respectivamente), mientras que el poliéster, la mayoría del cual es tereftalato de polietileno, representa el 70% de toda la producción de fibras de poliéster, poliamida y acrílico. El predominio de estos polímeros detectados en este estudio en lagos de todo el mundo concuerda con observaciones realizadas en otros ecosistemas marinos y de agua dulce y refleja el uso de estos polímeros en productos de ciclo de vida corto y producción masiva.

En este contexto, los microplásticos primarios —aquellos que se producen intencionadamente, ya sea como precursores industriales o para uso directo en productos como cosméticos, exfoliantes y abrasivos— suelen ser menos abundantes en los sistemas acuáticos. Además, se espera que sus concentraciones disminuyan progresivamente, al menos en algunos países, gracias a la implementación de las nuevas normativas que restringen su producción y uso, como las regulaciones recientes de la Unión Europea que se han comentado previamente. Por el contrario, la creciente importancia de la contaminación secundaria, originada por la fragmentación de plásticos más grandes en el medioambiente, subraya la necesidad de centrar los esfuerzos de mitigación en evitar que estos residuos lleguen a los ecosistemas acuáticos o en retirarlos lo antes posible. De este modo, se puede prevenir su degradación en partículas más pequeñas, que son más persistentes y difíciles de eliminar.

El tamaño y la forma de las partículas de plástico son importantes desde un punto de vista toxicológico

Avanzar en el desarrollo de técnicas que permitan registrar la forma y otras características de los plásticos es importantísimo, porque esto nos ayuda no solo a identificar las posibles fuentes de contaminación, sino también a caracterizar el impacto de la contaminación plástica. Se han descrito distintos efectos tóxicos de las partículas de plástico dependiendo de su forma. Por ejemplo, se han observado efectos adversos hasta diez veces mayores de fibras en comparación con esferas en zooplancton —por ejemplo la "pulga de agua" llamada *Ceriodaphnia dubia*—, detectándose una reducción en su reproducción a concentraciones de fibras superiores a los niveles ambientales.

El tamaño de las partículas es aún más crítico que su forma, para influir en la entrada, distribución en el organismo y efectos. A medida que los plásticos se fragmentan en pedazos cada vez más pequeños, su gran cantidad conduce a una mayor disponibilidad para una amplia gama de organismos, desde invertebrados en la base de la cadena trófica hasta depredadores; algunos organismos confunden estas partículas con alimento. La diversidad en tamaño, forma, color y composición química de los microplásticos, junto con la colonización de la superficie por microorganismos, influyen en su biodisponibilidad, así como en sus potenciales efectos adversos.

En estudios de exposición realizados en peces se ha observado que las partículas más pequeñas se acumulan en tejidos más profundos como el hígado, el cerebro y el músculo, mientras que las partículas más grandes se encuentran principalmente en branquias, estómago e intestino. Es evidente que el tamaño más pequeño de los micro y nanoplásticos facilita su penetración a nivel celular. Las partículas más pequeñas (tamaño inferior a 100 nm) pueden también penetrar en las células, lo que puede provocar efectos tales como estrés oxidativo o daño en el ADN. Es frecuente observar que las nanopartículas más pequeñas resultan ser más dañinas para el hígado y otros órganos, causando inflamación y alteraciones en su función.

¿Y el color? Pues este también puede afectar la toxicidad de los plásticos, ya que se ha observado alimentación selectiva en diferentes colores de microplásticos en peces y otros organismos, porque los plásticos pueden confundirse con alimentos de coloración similar.

Riesgos para el medioambiente

Dado que los micro y nanoplásticos son omnipresentes —se han detectado en aire, agua, sedimentos, organismos, alimentos—, la pregunta clave es hasta qué punto representan un riesgo para el medioambiente y, en consecuencia, para la salud humana. En este apartado evaluaremos los riesgos para el medioambiente, pero sin olvidar que salud ambiental y salud humana están estrechamente interconectadas. Actualmente no disponemos de un marco de evaluación de riesgos que integre la multidimensionalidad de la exposición a los micro y nanoplásticos y otras partículas naturales o sintéticas, las cuales abarcan una combinación prácticamente infinita de tamaños, formas, densidades y composiciones químicas. Por lo tanto, es posible que los estudios realizados hasta la fecha, y que a continuación se analizan, subestimen el riesgo real de exposición o no reflejen completamente el alcance de sus efectos tóxicos. Aun con estas limitaciones, la evidencia científica disponible demuestra que la contaminación plástica tiene efectos perjudiciales en los organismos acuáticos y los ecosistemas, lo que subraya la necesidad de una acción coordinada para mitigar su impacto y reducir la liberación de plásticos en el medioambiente.

Un número creciente de estudios ha demostrado que los micro y nanoplásticos pueden ser absorbidos por organismos acuáticos, acumulándose en sus tejidos, lo que puede tener consecuencias a nivel de su fisiología. Se han detectado partículas de plástico en más de 1300 especies acuáticas y terrestres, incluyendo peces, mamíferos, aves e insectos. Los efectos se observan a distintos niveles de organización, desde el nivel subcelular hasta el nivel de organismo y de cadena trófica. La ingesta de plásticos puede dar lugar a daños físicos (por ejemplo, dilución de la comida, bloqueo gástrico, abrasión interna), así como a daños químicos debido a la liberación de aditivos tóxicos o contaminantes absorbidos en su superficie. Entre los efectos más comunes descritos se encuentran efectos neurotóxicos y cambios en el comportamiento, daños neuronales, estimulación del sistema nervioso y acumulación de micro y nanoplásticos en el tracto gastrointestinal de peces y otros organismos con consecuencias negativas a nivel de metabolismo energético e incluso crecimiento.

La mayor parte de estudios describen que la exposición a micro y nanoplásticos inducen la generación de especies reactivas de oxígeno. Estas desencadenan procesos inflamatorios y activan genes relacionados con la muerte celular, llegando a ocasionar daños en los tejidos. Recientemente se están realizando estudios muy precisos que evalúan efectos a nivel molecular, por ejemplo cambios en la expresión de determinados genes, alteraciones de ciertas proteínas o lípidos, y estos están contribuyendo a identificar los mecanismos de toxicidad de los micro y nanoplásticos, describiendo la generación de radicales de oxígeno y el estrés oxidativo, alteraciones en el metabolismo energético y la modulación la respuesta inmune como los principales, confirmando así los efectos descritos en organismos.

Algunos estudios indican que los micro y nanoplásticos pueden atravesar las barreras embrionarias, acumularse en distintos órganos y causar bradicardia (ritmo cardiaco lento) e hipoactividad en embriones de peces, aunque no siempre causan deformidades o mortalidad. También pueden reducir la tasa de eclosión y retrasar el desarrollo debido a la obstrucción en la absorción de oxígeno y nutrientes.

Como se ha comentado anteriormente, los micro y nanoplásticos también pueden actuar como vectores de otros contaminantes adsorbidos a su superficie, afectando su absorción y toxicidad en los organismos acuáticos. Los efectos de estas combinaciones no siempre son predecibles, ya que dependen de las concentraciones y tipos de contaminantes involucrados. Más allá del propio polímero, los plastificantes y aditivos —añadidos al polímero para mejorar sus propiedades— y sus metabolitos se han detectado en el medioambiente durante décadas, y muchos de ellos han sido descritos como disruptores endocrinos (bisfenol A o ftalatos), y han sido prohibidos o están regulados.

Para el caso de los nanoplásticos, se dispone únicamente de información obtenida en experimentos realizados con partículas fabricadas, principalmente esferas de poliestireno de tamaño submicrométrico. La toxicidad de los nanoplásticos en condiciones ambientalmente realistas es difícil de abordar, porque características toxicológicamente relevantes, como tipo de polímero, forma, rango de tamaños, área, volumen, superficie química, biopersistencia y potencial zeta, se desconocen para los nanoplásticos ambientales.

Desde un punto de vista exclusivamente antropocéntrico, hay una preocupación creciente sobre la contaminación de diferentes especies de peces, ya que representan una fuente importante de nuestra alimentación, además de ser indicadores clave de la salud de los ecosistemas acuáticos. Se ha descrito que los peces pueden acumular niveles más altos de microplásticos a partir de presas contaminadas que directamente del agua, lo que destaca el papel de la cadena trófica en su acumulación. Sea cual sea su fuente (agua, presas), la presencia de microplásticos en bivalvos, crustáceos y diversas especies de peces comerciales se ha documentado de manera consistente, siendo esta pues una vía de entrada en la cadena alimentaria.

Finalmente, puede comentarse que un número creciente de trabajos científicos describen que la forma de las partículas influye en la gravedad del daño causado. Así, las fibras resultan más perjudiciales para el intestino que los fragmentos o esferas. Sin embargo, no todos los estudios se han realizado en condiciones realistas y varios analizan concentraciones elevadas de microplásticos, esferas en lugar de fragmentos o fibras, así como exposiciones a un único tipo de polímero. La exposición a una combinación de partículas puede tener efectos sinérgicos o acumulativos que en la actualidad no son bien comprendidos. La falta de estudios en condiciones realistas dificulta la implementación de medidas reguladoras efectivas y el desarrollo de estrategias para reducir la presencia y toxicidad de micro y nanoplásticos en el medioambiente. Por tanto, todavía es necesario realizar nuevos estudios en condiciones y escenarios más cercanos a la realidad para entender completamente los mecanismos por los cuales los micro y nanoplásticos afectan la fisiología, el desarrollo y la salud de los peces, así como su posible toxicidad en humanos.

CAPÍTULO 4

Vías de exposición humana a micro y nanoplásticos

Como hemos visto en las secciones anteriores, el número de estudios sobre los efectos negativos de los micro y nanoplásticos en el medioambiente y en los organismos de los ecosistemas acuáticos y terrestres ha aumentado constantemente en los últimos 10 años. Sin embargo, la investigación sobre las vías de exposición humana y la toxicidad potencial es un campo relativamente nuevo en la investigación sobre las partículas plásticas.

El cuerpo humano está expuesto a las pequeñas partículas plásticas a través de tres vías principales de entrada: ingestión, inhalación y contacto dérmico. En este capítulo resumimos los conocimientos actuales sobre la ingestión de estas partículas a través del agua potable, alimentos y bebidas, su presencia en el aire que respiramos y los polímeros añadidos deliberadamente como ingredientes en productos de cuidado personal diseñados para su aplicación directa sobre el cuerpo humano.

Exposición a través de la cadena alimentaria y el agua de consumo

La presencia generalizada de micro y nanoplásticos en el medioambiente ha abierto la puerta a su incorporación en los sistemas alimentarios que sustentan nuestra dieta diaria. Estas pequeñas partículas pueden llegar a los alimentos y bebidas a lo largo de toda la cadena de producción, desde la obtención de materias primas hasta su procesamiento y consumo final. Se han identificado diferentes vías por las que los micro y nanoplásticos pueden contaminar los alimentos: 1) los micro y nanoplásticos pueden ser ingeridos directamente por organismos marinos y terrestres, lo que provoca su acumulación en tejidos comestibles como los de peces, crustáceos, moluscos e incluso insectos utilizados como ingredientes alimentarios. También existe evidencia de que las plantas pueden absorber micro y nanoplásticos a través de las raíces, facilitando su entrada en frutas, verduras y cereales; 2) las materias primas podrían estar contaminadas, como por ejemplo el agua empleada en el riego o en la elaboración de alimentos, y 3) dado que se ha demostrado que los micro y nanoplásticos están presentes en el aire, parte de estas partículas podrían depositarse en los alimentos durante su procesado, almacenamiento, transporte o envasado. Estas fuentes de exposición no son excluyentes; al contrario, pueden sumarse, lo que hace que la cantidad de partículas plásticas que terminamos ingiriendo a través de los alimentos y bebidas varíe en función de múltiples factores (Ramsperger *et al.*, 2023). De ahí la dificultad para estimar con precisión nuestra exposición dietética a los micro y nanoplásticos.

En los últimos años, la Autoridad Europea de Seguridad Alimentaria (EFSA) ha abordado esta cuestión en diversos informes, destacando la falta de consenso sobre los niveles detectados en alimentos debido, en gran parte, a la ausencia de metodologías de análisis armonizadas. Como ejemplo, pueden revisarse los informes EFSA CONTAM Panel 2011 (EFSA, 2011) y EFSA CONTAM Panel 2016 (EFSA, 2016) y el sistema de clasificación y descripción FoodEx2 (EFSA, 2015 y 2021).

Distintos estados y países de todo el mundo han impulsado políticas y acciones en relación a la exposición a micro y nanoplásticos para el ser humano. En España, la Agencia Española de Seguridad Alimentaria y Nutrición (AESAN) ya advertía en 2019 sobre la necesidad urgente de estandarizar los procedimientos de detección para poder evaluar adecuadamente los riesgos (Rubio Armendáriz *et al.*, 2019). Más recientemente, la OMS ha revisado las evidencias científicas disponibles relativas a los riesgos para la salud humana asociados a la exposición a nano y microplásticos, en relación con la exposición alimentaria y por inhalación, subrayando la necesidad de mejorar las técnicas de muestreo y análisis, así como la caracterización del riesgo (WHO, 2022).

Dado que las primeras investigaciones sobre la contaminación por micro y nanoplásticos se realizaron en el mar, la mayoría de las pruebas científicas sobre su aparición los alimentos incluyen organismos y productos marinos, incluidos filetes de pescado, mejillones, ostras, camarones, gambas, tiburones y algas marinas. Aunque las propias partículas de microplásticos (mayores de 10 micras) no parecen acumularse a lo largo de la cadena trófica, las sustancias químicas y aditivos asociados a los plásticos sí pueden bioacumularse en los organismos marinos. Precisamente esta transferencia trófica (por ejemplo, la ingesta de otros animales marinos) de los micro y nanoplásticos entre distintas especies se traduce en una acumulación, de forma que los animales situados en los niveles tróficos más altos pueden contener mayores concentraciones de estas partículas, lo que incrementa la preocupación sobre sus posibles efectos en la salud humana, lo que acentúa la necesidad de disponer de tecnologías que nos permitan identificar estas partículas, incluidas las más pequeñas.

Se han detectado microplásticos en otros productos de consumo, especialmente en agua dulce y agua potable, tanto del grifo como embotellada; por lo tanto, se consideran fuentes posibles de exposición. Las concentraciones de microplásticos en diferentes tipos de agua de consumo son muy variables, desde decenas hasta varios miles de partículas por litro (WHO, 2019). En el caso del agua embotellada, el propio envase de plástico y la manipulación (como abrir y cerrar repetidamente la botella) pueden contribuir a la liberación de estas partículas. Además, se observa una tendencia preocupante: a medida que disminuye el tamaño de las partículas, aumenta su concentración, lo que subraya la necesidad de centrar la atención en las fracciones de menor tamaño (especialmente las que se sitúan entre 1 y 5 micras). Además, la exposición del agua embotellada puede ser más variable, con mayores concentraciones de partículas plásticas que la registrada para el agua del grifo, lo cual subraya la relevancia de abordar las partículas derivadas de los envases alimentarios debido al creciente uso de alimentos listos para el consumo que están servidos en recipientes de plástico, que podría aumentar la exposición humana a diferentes partículas y, más preocupante todavía, a contaminantes químicos añadidos.

Otras categorías de alimentos y bebidas de consumo humano en las que se ha observado la presencia de partículas de micro y nanoplásticos incluyen productos tan diversos como la leche, la sal, el azúcar, la cerveza, el té, la miel, la carne de pollo y otros tipos de carne envasada, cereales, frutas y verduras, ingredientes derivados de insectos y alimentos procesados, entre otros (figura 6).

FIGURA 6
Fuentes de exposición a los micro y nanoplásticos.

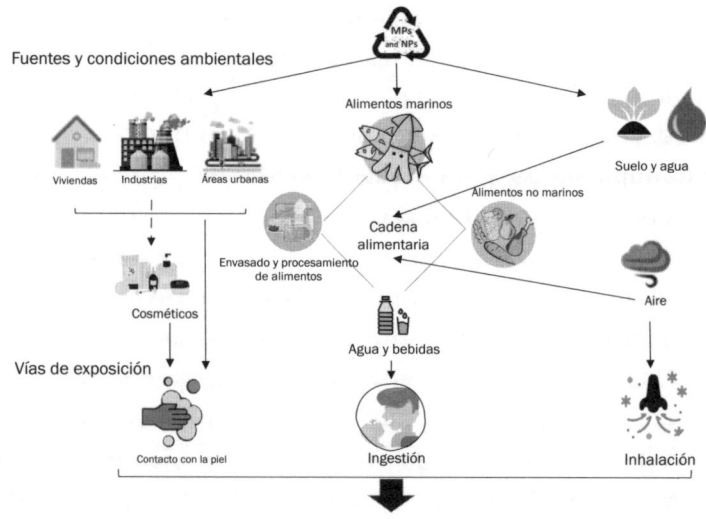

FUENTE: ADAPTADA DE PINILLOS ET AL. (2025).

Así pues, las pruebas disponibles indican que varias categorías de alimentos, crudos y procesados, podrían contribuir a la exposición humana a los micro y nanoplásticos a través de la ingestión. Pero también es muy importante destacar que, hasta el momento, la caracterización del riesgo presenta importantes lagunas de conocimiento. No es posible establecer de manera precisa las fuentes exactas de los micro y nanoplásticos presentes en los alimentos ni tampoco cuantificar con certeza el grado de exposición humana. Tampoco se dispone de datos concluyentes sobre su toxicidad, lo que dificulta enormemente la elaboración de normas y criterios de seguridad alimentaria específicos para evaluar el riesgo de estos contaminantes. La complejidad de las matrices alimentarias y la ausencia de procedimientos estandarizados para el análisis tanto de los micro y nanoplásticos como de los contaminantes asociados siguen siendo los principales retos que superar.

Bioaccesibilidad y riesgo asociado a los micro y nanoplásticos, y los aditivos plásticos en los alimentos y bebidas

Además de la presencia de micro y nanoplásticos en los alimentos y bebidas, es importante considerar la bioaccesibilidad de estas partículas y los compuestos químicos asociados a ellas, es decir, la fracción que realmente puede liberarse durante la digestión y ser absorbida por el organismo (Alves *et al.*, 2017). Existen cada vez más evidencias científicas que señalan que no solo las partículas plásticas en sí, sino también los aditivos químicos que se les añaden, pueden suponer una fuente de exposición a través de la dieta. Entre estos aditivos se encuentran los plastificantes y los retardantes de llama. Los plastificantes, como los ftalatos, se añaden a muchos plásticos para hacerlos más flexibles (por ejemplo, en envases, botellas o films plásticos). Los retardantes de llama, por su parte, son sustancias que se usan para que los materiales no se quemen fácilmente y se pueden encontrar en plásticos usados en electrodomésticos o utensilios.

El problema es que estos compuestos no están firmemente unidos al plástico y pueden desprenderse con el tiempo, especialmente al calentar alimentos o durante la digestión. Algunos estudios han relacionado la exposición prolongada a ciertos plastificantes y retardantes de llama con efectos negativos para la salud, como alteraciones hormonales o problemas en el desarrollo infantil. Por ello, es importante tener en cuenta no solo los plásticos y las partículas correspondientes, sino también estos compuestos químicos asociados, cuando se evalúan los riesgos para la salud derivados de su presencia en la cadena alimentaria.

En el caso de los productos del mar, por ejemplo, se ha evaluado la bioaccesibilidad de diferentes contaminantes emergentes, incluidos compuestos perfluorados (PFC), retardantes de llama bromados (BFR) y productos farmacéuticos y de cuidado personal (PPCP). Los resultados indican que la bioaccesibilidad de estos compuestos varía según el tipo de contaminante y la especie marina. Mientras que los PFC y los PPCP presentan tasas de bioaccesibilidad relativamente altas (entre el 71 y el 95%), los BFR tienden a mostrar valores más bajos (en torno al 70% o menos). Además, los tratamientos culinarios, como la cocción al vapor, pueden alterar la cantidad de contaminantes disponibles para la absorción. Por ejemplo, en los mejillones cocidos se ha reportado una disminución en la bioaccesibilidad de ciertos compuestos, lo que podría reducir en parte el riesgo para la salud derivado de su consumo.

En el caso de las bebidas y el agua de consumo, también se ha indicado la presencia de ésteres organofosforados (OPE), utilizados como plastificantes y retardantes de llama en los plásticos. Estos compuestos se encuentran tanto en el agua del grifo como en aguas embotelladas y otras bebidas envasadas, como refrescos, zumos y vinos. Los refrescos de cola con azúcar añadida son los que parecen presentar mayores concentraciones de estos plastificantes. Esta contaminación puede derivarse tanto de los envases plásticos como de los propios ingredientes añadidos, como el azúcar. Aunque los niveles de exposición diaria estimada (EDI) a través de bebidas se mantienen generalmente por debajo de los umbrales de riesgo establecidos, algunos compuestos específicos dentro de este grupo de ésteres organofosforados, como el 2-etilhexil difenil fosfato (EHDPP), requieren especial atención por sus posibles efectos tóxicos y disruptores endocrinos.

Por tanto, y aunque todavía estamos aprendiendo sobre este tema, es fundamental identificar no solo los riesgos potenciales de los micro y nanoplásticos derivados de la alimentación, sino también, y específicamente, cuantificar los riesgos relacionados con los aditivos y plastificantes que pueden acompañarlos. Esto requiere evaluar tanto los distintos tipos de plastificantes como las diferentes categorías y grupos de alimentos y bebidas, incluyendo comidas listas para cocinar, alimentos sometidos a procesos térmicos y productos destinados a grupos especialmente vulnerables, como la alimentación infantil, o a poblaciones que se encuentran en escenarios de alta exposición.

Exposición a micro y nanoplásticos por inhalación

Además de la exposición a través de los alimentos y el agua de consumo, la inhalación de micro y nanoplásticos se ha identificado como una vía de exposición cada vez más preocupante para la salud humana. Las partículas plásticas suspendidas en el aire forman parte de una mezcla compleja que incluye otras partículas de diferentes tamaños y orígenes, tanto naturales como derivadas de la actividad humana. Estas partículas están presentes en el aire que respiramos, tanto en ambientes exteriores como en espacios interiores, donde en ocasiones pueden alcanzarse concentraciones más elevadas debido a la menor ventilación y la acumulación de polvo doméstico.

En los estudios de exposición humana por inhalación, el tamaño y el diámetro aerodinámico de los micro y nanoplásticos son fundamentales. Las partículas con un diámetro aerodinámico inferior a 2,5 micras se consideran respirables, ya que pueden penetrar en el tejido pulmonar periférico; las partículas con un diámetro aerodinámico entre 2,5 y 100 micras se consideran inhalables y se depositarán en las vías respiratorias menores y mayores, respectivamente. Por tanto, para determinar el riesgo de exposición humana por inhalación debe caracterizarse el tamaño de las partículas a fin de diferenciar entre las fracciones respirables e inhalables. Sin embargo, debido a la dificultad del análisis de partículas tan pequeñas, todavía se dispone de información limitada sobre la exposición a la fracción respirable de los micro y nanoplásticos.

Hasta ahora, solo unos pocos estudios científicos han caracterizado las nanopartículas de plástico en tejidos pulmonares humanos y líquido broncoalveolar (Armato-Lourenço *et al.*, 2021). Si bien parece que los micro y nanoplásticos presentes en el tejido pulmonar son más pequeños que los presentes en el medioambiente, esto refuerza la hipótesis de que la inhalación es una vía de entrada real y preocupante (Ramsperger *et al.*, 2023).

Además, la inhalación no solo supone la entrada de partículas plásticas en el organismo, sino que además estas partículas pueden transportar contaminantes químicos adheridos como aditivos, metales pesados o contaminantes orgánicos persistentes. Una vez inhaladas, las partículas plásticas y los contaminantes adheridos a ellas pueden llegar a las vías respiratorias profundas, atravesar los tejidos pulmonares y, en el caso de los nanoplásticos, incorporarse al torrente sanguíneo. Por tanto, la evaluación del riesgo por inhalación debe tener en cuenta no solo la potencial toxicidad de los micro y nanoplásticos, sino también la de los contaminantes químicos que pueden transportar. Todo ello confirma la necesidad de estudios integrales que analicen estos efectos combinados, tanto en la población general como en los grupos vulnerables, como niños, personas mayores y trabajadores de sectores industriales con alta exposición.

Exposición dérmica a los micro y nanoplásticos

Otra posible vía de exposición es el contacto dérmico. En general, la barrera de la piel humana actúa como una defensa eficaz frente a la absorción de microplásticos de tamaño superior a 1 micra, lo que limita el riesgo de penetración a través de la piel. Sin embargo, algunos de los aditivos plásticos que se liberan de estas partículas, como los ftalatos y los bisfenoles, sí pueden atravesar la barrera cutánea y son conocidos por sus efectos adversos para el ser humano, incluidos efectos disruptores endocrinos.

Algunos estudios han revelado que las partículas más pequeñas (en la escala nano o nanoplásticos) podrían romper la barrera dérmica en ciertas condiciones, especialmente si se aplican de forma directa a través de productos de cuidado personal o en el caso de componentes plásticos de las prótesis médicas, que permanecen en contacto prolongado con la piel (WHO, 2022). Sin embargo, todavía no está claro qué propiedades fisicoquímicas de las nanopartículas, como la carga superficial, la forma o la hidrofobicidad (es decir, su tendencia a repeler el agua o a interactuar más fácilmente con grasas que con líquidos acuosos), pueden influir en su capacidad para atravesar la piel y entrar en contacto directo con las capas más internas.

En conclusión, la exposición dérmica parece limitada en el caso de los microplásticos, pero los nanoplásticos y los aditivos plásticos podrían atravesar la piel en determinadas condiciones. Actualmente, la información disponible sobre la absorción dérmica de nanoplásticos en condiciones de exposición ambiental típica es limitada.

CAPÍTULO 5

Los riesgos para la salud humana: lo que sabemos (y lo que aún no)

Como hemos visto en las secciones anteriores, los micro y nanoplásticos están presentes en todos los rincones del medioambiente: aire, agua, suelo…, son una parte constante de nuestro entorno y, por tanto, como era de esperar, también de nuestro cuerpo. Dado su carácter ubicuo, una de las preguntas más urgentes es hasta qué punto representan un riesgo para la salud humana. Aunque aún no contamos con un marco completo para evaluar estos riesgos, los datos existentes ya apuntan a efectos preocupantes, tanto a nivel ambiental como biológico.

De las tres principales vías de exposición para los seres humanos —inhalación, ingestión y contacto con la piel—, la ingestión y la inhalación parecen ser las más relevantes desde el punto de vista de la salud. En el caso de la piel, la mayoría de las partículas quedan bloqueadas por las capas externas de la epidermis, por lo que esta vía actualmente se considera menos significativa. En cambio, los micro y nanoplásticos pueden penetrar en nuestro organismo al ser respirados o ingeridos con alimentos y bebidas.

La inhalación de micro y nanoplásticos es una vía de exposición que ha cobrado creciente atención en los últimos años. Estas partículas están presentes en el aire que respiramos, tanto en espacios interiores como exteriores, y pueden proceder del desgaste de materiales sintéticos (como ropa o mobiliario), del polvo doméstico, de fuentes industriales o del tráfico urbano. Su comportamiento en el sistema respiratorio depende de múltiples factores: tamaño, densidad, forma y química superficial. Las partículas más pequeñas —especialmente las de menos de 10 micras— pueden alcanzar regiones profundas de los pulmones, depositarse en los alvéolos e incluso atravesar las barreras celulares, lo que podría permitir su paso al torrente sanguíneo. Esta posibilidad ha sido documentada en algunos estudios de toxicología ocupacional, es decir, investigaciones centradas en personas expuestas a ciertos materiales (como PVC o nailon) durante su trabajo en entornos industriales, donde los niveles de partículas en el aire pueden ser elevados y constantes. Sin embargo, existen pocos datos sobre la concentración real de micro y nanoplásticos en el aire de ambientes no industriales, como hogares, oficinas o espacios urbanos ni sobre los efectos a largo plazo de estar expuestos a niveles bajos pero continuos, como los que podrían encontrarse en la vida cotidiana. Este es precisamente uno de los desafíos actuales que aborda la actual convocatoria Horizon Europe 2025 (ENVHLTH-02), centrada en evaluar los impactos en la salud humana derivados de la exposición a micro y nanoplásticos, especialmente en escenarios realistas y de exposición crónica.

Por su parte, la ingestión se considera otra vía importante de exposición humana, ya que se han detectado micro y nanoplásticos en múltiples productos alimentarios.

En consecuencia, el tracto digestivo interactúa de forma constante con estas partículas. Su presencia ya ha sido confirmada en muestras humanas como sangre, tejidos del colon, placenta, leche materna y heces. Dado que no es posible realizar estudios de intervención en humanos, la sangre, la orina o las heces son los principales tipos de muestra utilizados para estimar la exposición continuada a los micro y nanoplásticos. A esto se suman estudios en modelos *in vitro*, modelos animales y simulaciones fisiológicas humanas, que buscan comprender cómo se comportan estas partículas en el organismo y sus efectos.

Uno de los mayores desafíos para evaluar el riesgo que implican los micro y nanoplásticos es su enorme variabilidad. Los seres humanos estamos expuestos a mezclas complejas de partículas con diferentes tamaños, formas, cargas eléctricas, tipos de polímero y combinaciones con otras sustancias (aditivos, metales, contaminantes orgánicos, patógenos, etc.). Esta diversidad dificulta la extrapolación de resultados y complica la obtención de una evaluación de riesgos fiable, especialmente en condiciones de una exposición realista.

Interacciones con el sistema digestivo y la microbiota intestinal

La ingestión de alimentos comienza en la cavidad oral y continúa a lo largo del tracto gastrointestinal hasta el íleon terminal, donde los nutrientes son absorbidos a través de una serie de reacciones (bio)fisicoquímicas. En el caso de los micro y nanoplásticos, aún no se sabe con certeza hasta qué punto pueden ser absorbidos por el cuerpo humano y en qué condiciones específicas. Lo que sí se conoce es que, a lo largo del proceso de digestión, estas partículas pueden interactuar con diversas moléculas presentes en el aparato digestivo —enzimas digestivas, sales biliares, compuestos orgánicos e inorgánicos—, formando en su superficie lo que se conoce como una corona biológica o (eco)corona. Esta capa de macromoléculas adheridas a la superficie de las partículas plásticas podría modificar la forma en que son reconocidas por las células del organismo y, en consecuencia, alterar su comportamiento biológico y su potencial toxicidad.

En condiciones normales, los residuos de la dieta —incluidos los microplásticos— que no se absorben en las etapas previas de la digestión (cavidad oral, estómago e intestino) llegan al colon, donde habita la gran mayoría de la microbiota intestinal humana. Esta comunidad microbiana, compuesta mayoritariamente por bacterias, pero también por hongos, virus, arqueas y protozoos, desempeña un papel esencial en la fisiología y la salud humana, participando en funciones metabólicas, inmunológicas, digestivas e incluso neurológicas.

La microbiota intestinal utiliza muchos de los residuos alimentarios como sustratos para su crecimiento y su composición depende en gran medida de la dieta y otros factores ambientales. Sin embargo, el papel que juegan los micro y nanoplásticos en este ecosistema aún se desconoce. Precisamente, el estudio del impacto de los micro y nanoplásticos en la microbiota intestinal es una línea emergente de investigación, especialmente relevante por su posible relación con alteraciones en la salud intestinal y sistémica. Investigaciones recientes han demostrado que la exposición a microplásticos puede alterar la composición del microbioma intestinal, provocando una disminución de bacterias beneficiosas y un aumento de patógenos y microorganismos resistentes a antibióticos. Por ejemplo, un estudio pionero realizado por el CSIC dentro del proyecto europeo PlasticsFatE (Tamargo *et al.*, 2022) evidenció que los microplásticos de tereftalato de polietileno (PET) modifican la microbiota colónica humana durante la digestión gastrointestinal simulada. Utilizando un sistema modelo que reproduce el tracto gastrointestinal humano (simgi®) se observó que, tras la exposición a PET, la diversidad bacteriana disminuía significativamente, alterando las proporciones de grupos microbianos clave. En particular, se redujeron las poblaciones de *Bacteroides*, *Parabacteroides* y *Alistipes* —bacterias asociadas a funciones inmunes y antiinflamatorias—, mientras que aumentaron géneros con potencial patógeno o proinflamatorio como *Bilophila*, *Escherichia/Shigella* y *Cloacibacillus*. Además, este estudio evidenció que los microplásticos de PET pueden sufrir biotransformaciones en el tracto gastrointestinal, llegando al colon con una estructura química y física modificada. Estas alteraciones sugieren una posible biodegradación de los microplásticos mediada por la microbiota intestinal que, potencialmente, podría influir en los procesos de eliminación de estas partículas en el organismo humano.

En este sentido, se han identificado genes relacionados con la degradación de plásticos en el microbioma intestinal humano, lo que respalda la hipótesis de que ciertas bacterias intestinales podrían participar en la degradación de microplásticos. Es importante destacar que estos efectos no se limitan al PET. Estudios adicionales han observado impactos similares en la microbiota intestinal con otros polímeros (Nissen *et al.*, 2024), incluyendo bioplásticos como el ácido poliláctico (PLA) (Jiménez-Arroyo *et al.*, 2023). A pesar de que el PLA es considerado un plástico biodegradable, su interacción con la microbiota intestinal también puede alterar la composición microbiana, aunque en menor medida que los polímeros derivados del petróleo como el PET y el poliestireno.

También se ha detectado que los micro y nanoplásticos pueden actuar como superficies de adhesión para ciertos microorganismos intestinales, formando estructuras tipo biofilm similares a las observadas en ambientes naturales —la llamada plastiesfera—. Esta adherencia microbiana podría favorecer que una fracción de las partículas plásticas permanezca más tiempo en el colon, aumentando su interacción con el huésped y su potencial toxicidad.

Además, los micro y nanoplásticos ingeridos con los alimentos pueden transportar aditivos químicos y microorganismos patógenos adheridos a su superficie. Por ejemplo, se ha detectado en estudios ambientales la presencia de bacterias como *Escherichia coli* o *Vibrio spp.* sobre microplásticos, lo que plantea la posibilidad de que estas partículas actúen como vectores de patógenos, facilitando su entrada y permanencia en el organismo. La alta densidad de microorganismos en estos biofilms, junto con la proximidad física que favorece el intercambio genético, podría incluso aumentar la diseminación de genes de resistencia a antibióticos. Actualmente, se desconoce si la exposición a patógenos adheridos a microplásticos podría causar infecciones en humanos o por qué vías ocurriría. Sin embargo, estos hallazgos subrayan la necesidad urgente de considerar no solo los efectos directos de los micro y nanoplásticos, sino también los riesgos indirectos derivados de sus múltiples interacciones biológicas y químicas.

En resumen, aunque aún quedan muchas incógnitas por resolver, las evidencias acumuladas indican que la exposición a micro y nanoplásticos, incluyendo tanto plásticos convencionales como bioplásticos, podría alterar el equilibrio microbiano intestinal y desencadenar consecuencias para la salud, especialmente considerando su presencia continua en la dieta. Comprender estas interacciones será clave para evaluar el verdadero impacto de los micro y nanoplásticos sobre el cuerpo humano.

Absorción intestinal, distribución y bioacumulación de micro y nanoplásticos en el cuerpo humano

Otro de los aspectos más importantes —y a la vez más complejos— en el estudio de los micro y nanoplásticos es entender qué ocurre cuando estas partículas entran en nuestro organismo: ¿se absorben?, ¿viajan por el cuerpo?, ¿se eliminan fácilmente?, ¿pueden acumularse en órganos o tejidos?

Estas preguntas están atrayendo cada vez más la atención de la comunidad científica internacional. Sin embargo, responderlas no es sencillo, principalmente porque los micro y nanoplásticos no son partículas uniformes: como ya se ha comentado, pueden estar hechos de distintos polímeros, tener formas variadas y un amplio rango de tamaños. Además, en el ambiente se presentan como mezclas muy complejas, lo que genera efectos combinados difíciles de estudiar.

En relación a la absorción, al ingerir alimentos o bebidas contaminados con micro y nanoplásticos, las partículas de mayor tamaño, generalmente superiores a 150 micrómetros (μm), tienden a no ser absorbidas y son excretadas directamente a través de las heces. Sin embargo, las partículas más pequeñas, especialmente las nanométricas, tienen el potencial de atravesar la barrera intestinal y entrar en el sistema circulatorio. Una vez internalizadas, estas partículas pueden interactuar con orgánulos celulares como mitocondrias y ribosomas e, incluso, acumularse en compartimentos intracelulares como los lisosomas y el núcleo, lo que podría afectar a las funciones celulares esenciales. Por otro lado, estudios recientes han detectado microplásticos en los pulmones de diversas especies de aves, lo que sugiere una exposición significativa a través del aire (Wang *et al.*, 2025).

Además, otro estudio reciente encontró micro y nanoplásticos en tejidos cerebrales humanos *post mortem*, incluyendo muestras de personas con demencia (Nihart *et al.*, 2025). Se observó que los niveles eran más altos en los cerebros de estos pacientes, aunque el estudio no demuestra que estas partículas sean la causa de la enfermedad. Si bien las conclusiones deben interpretarse con cautela hasta que se disponga de más evidencia y se reconoce la necesidad de estudios adicionales con metodologías más rigurosas y muestras más amplias para confirmar estos resultados. Aun así, el estudio de Nihart *et al.* ha abierto un campo de investigación importante sobre la presencia de microplásticos en el cerebro humano.

Una vez en el sistema circulatorio, los micro y nanoplásticos pueden distribuirse a diversos órganos y tejidos del cuerpo. Puesto que la facilidad con la que los micro y nanoplásticos atraviesan las barreras biológicas depende en gran medida de su tamaño, una parte importante de los estudios se están centrando en las partículas más pequeñas, es decir, las que se piensa que son las que más fácilmente pueden pasar nuestras barreras biológicas, si bien son las más difíciles de estudiar. Estas partículas pueden moverse a través de las células (vía transcelular) o entre ellas (vía paracelular). Las pruebas disponibles en modelos animales sugieren que las partículas de micro y nanoplásticos desregulan distintas vías de señalización celular y confirman su distribución en el cuerpo humano. En general, las partículas más grandes tienden a ser excretadas o encontrarse en superficies externas como la piel, mientras que las más pequeñas traslocan con mayor facilidad a través del organismo.

Hasta el momento se han detectado micro y nanoplásticos en distintos tejidos humanos y muestras biológicas de sangre, corazón, pulmón, hígado, riñón, bazo, placenta, intestino, meconio, testículos, cabeza, mano, piel de la cara, saliva, muestras de colectomía, esputo, semen, leche materna y heces. El órgano/tejido con mayor acumulación de micro y nanoplásticos parece ser el intestino y las heces son las muestras biológicas con mayor cantidad, lo que, de nuevo, subraya el hecho de que la ingestión es una vía de exposición muy importante. Sin embargo, todavía no existen estudios en los que los microplásticos se monitoricen sistémicamente *in situ*. En cuanto a los nanoplásticos, se supone que su presencia viene implícita al encontrar microplásticos y que no pueden detectarse adecuadamente en la actualidad.

En resumen, aunque sabemos que hay diferentes tipos de células y tejidos que pueden captar estas partículas, todavía no hay estudios que monitoricen en tiempo real cómo se comportan sistémicamente en humanos. Además, aunque se detecten microplásticos, es muy probable que también estén presentes nanoplásticos, que por su tamaño aún no pueden medirse adecuadamente con las técnicas de las que disponemos actualmente. Por tanto, hay mucha incertidumbre sobre la absorción real y la biodisponibilidad de estas partículas en el organismo humano.

La acumulación de micro y nanoplásticos en el organismo también se está evaluando por sus posibles efectos para la salud. Estos incluyen estrés oxidativo, inflamación, citotoxicidad (daño directo a las células), alteraciones en el sistema inmunológico y cambios metabólicos. Como ya se ha mencionado, son muchos los órganos en los que se han detectado micro y nanoplásticos pero, de nuevo y hasta el momento, es fundamental destacar que son muy escasos los estudios en humanos. También se han propuesto vínculos con enfermedades crónicas como hipertensión, diabetes o accidentes cerebrovasculares, aunque estas asociaciones aún necesitan ser confirmadas con más evidencia en estudios en humanos.

En el caso de la exposición por inhalación, se ha relacionado con problemas respiratorios, disminución de la función pulmonar, enfermedades pulmonares intersticiales e incluso cáncer de pulmón. No obstante, hay que tener en cuenta que muchos de estos efectos se han observado en condiciones experimentales, por lo que no pueden extrapolarse directamente a lo que ocurre en un cuerpo humano real. Aun así, sirven como señal de alerta y como base para seguir investigando.

Por otro lado, se están describiendo relaciones y asociaciones entre los micro y nanoplásticos y las poblaciones de riesgo (lactantes, embarazadas, condiciones patológicas como la enfermedad inflamatoria intestinal…), lo que sugiere que la evaluación de riesgos no debe centrarse únicamente en la evaluación de la población general, sino en toda una serie de condiciones patológicas.

De forma visual, la figura 7 presenta un breve resumen de efectos potenciales de los micro y nanoplásticos sobre los diferentes sistemas del cuerpo humano asociados tanto a la exposición por inhalación como por ingestión, y atendiendo a estudios en humanos (observacionales), *in vivo* (todo tipo de modelos animales y organismos) e *in vitro* (cultivos celulares). El uso y visión complementarios de estas aproximaciones y modelos de base fisiológica está permitiendo entender cómo se retienen, eliminan, traslocan y distribuyen los micro y nanoplásticos en el organismo humano. Tanto si se inhalan como si se ingieren, la farmacocinética de estas partículas está muy influida por su tamaño, forma, densidad y química superficial. Por ello, es esencial disponer de datos para caracterizar y cuantificar estas propiedades de los micro y nanoplásticos en el aire, el agua potable, los alimentos y las bebidas que se utilizarán en una evaluación probabilística de la exposición. Los datos experimentales, especialmente los obtenidos en modelos *in vitro*, no pueden extrapolarse a la situación *in vivo*, pero sugieren que es poco probable que se absorban partículas mayores de 150 micras y que la absorción aumenta a medida que disminuye el tamaño de las partículas, especialmente por la vía oral y con exposiciones repetidas o prolongadas.

Por último, en la práctica y hasta el momento se ha estudiado solo una pequeña fracción de los micro y nanoplásticos reales a los que estamos expuestos. La mayoría de los estudios toxicológicos utilizan partículas de poliestireno porque son fáciles de fabricar y caracterizar. Pero en el ambiente predominan otros plásticos, como el polipropileno, el polietileno o el tereftalato de polietileno. Esto plantea una gran limitación: los resultados de estudios con poliestireno podrían no aplicarse a otros tipos de plásticos. Además, incluso usando el mismo tipo de polímero, se ha visto que los efectos sobre las células varían mucho entre unos estudios y otros. Esto se debe, en parte, a la falta de estandarización en la forma de preparar y caracterizar las partículas de ensayo. Para avanzar, sería fundamental disponer de materiales de referencia estandarizados que representen mejor los micro y nanoplásticos a los que realmente estamos expuestos.

FIGURA 7
Principales resultados e hipótesis sobre la absorción y el destino de los micro y nanoplásticos, y posibles efectos en los seres humanos.

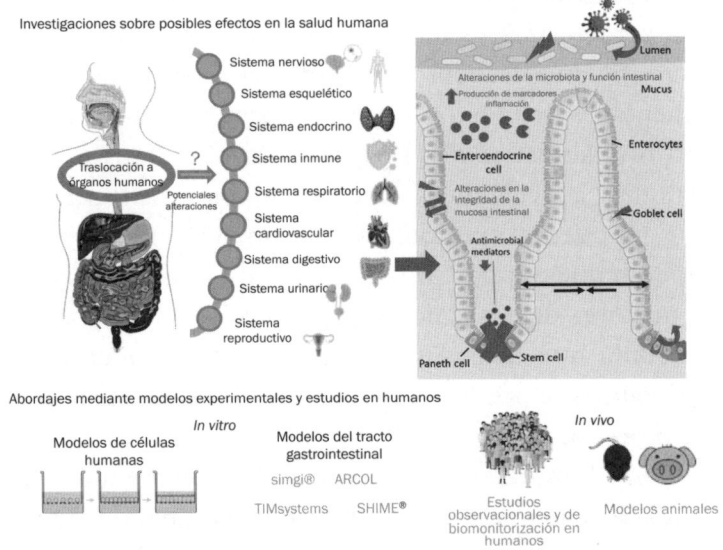

ADAPTADA DE PINILLOS ET AL. (2025).

En definitiva, aunque todavía persisten muchas incógnitas, los estudios actuales reflejan un creciente interés por parte de la comunidad científica y los organismos reguladores en comprender mejor el destino y los efectos de los micro y nanoplásticos en el cuerpo humano. Su absorción, distribución, acumulación y eliminación dependen en gran medida de sus características físicas y químicas —como el tamaño, la forma o la composición—, lo que hace necesario disponer de herramientas integradas que permitan priorizar los tipos de partículas más relevantes, mejorar los métodos para detectarlas, establecer estándares comparables entre estudios, y evaluar de forma más precisa los posibles riesgos para la salud humana.

CAPÍTULO 6

Plásticos sostenibles: hacia una economía circular

Hemos comentado que los problemas de contaminación ocasionados por los materiales plásticos están asociados a su origen no renovable y a su resistencia a la biodegradación, relacionada esta última con la formación de micro y nanoplásticos. Además de reducir su producción y gestionar bien sus residuos mediante la recogida y reciclado, minimizando a su vez el escape al medioambiente, una de las opciones que se proponen para paliar este problema es reemplazarlos por otros materiales más sostenibles llamados bioplásticos.

Los bioplásticos pueden ser polímeros naturales biodegradables (biopolímeros) o polímeros sintéticos derivados de materias primas renovables, lo que supone una menor huella de carbono. Sin embargo, el término *bioplástico* es muy controvertido y, de hecho, sigue debatiéndose, ya que puede ser utilizado para materiales que pueden ser de base biológica pero no biodegradables (por ejemplo, biopolietileno [bioPE], tereftalato de biopolietileno [bioPET]), otros compostables/biodegradables que no sean de base biológica (por ejemplo, adipato-co-tereftalato de polibutileno [PBAT]) o que cumplan ambos requisitos; es decir, provenir de fuentes renovables y ser biodegradables (por ejemplo, los polihidroxialcanoatos [PHA], el ácido poliláctico [PLA] y las mezclas a base de almidón) (Rosenboom, Langer y Traverso, 2022).

Estos últimos son los más extendidos y prometedores (European Bioplastics, 2022). El ácido poliláctico es un poliéster de base biológica cuyos monómeros, ácido L o D-láctico, se producen mediante fermentación microbiana y se polimerizan químicamente para producirlo. Por el contrario, los polihidroxialcanoatos son biopolímeros intracelulares producidos naturalmente por muchas bacterias como un sistema de acumulación de fuente de carbono en condiciones de desequilibrio de otros nutrientes, por ejemplo, la limitación de nitrógeno o fósforo (Hernández-Arriaga *et al.*, 2022).

El hecho de que sean materiales biodegradables hace que sean una clara alternativa a los plásticos convencionales, ya que se elimina el problema de la persistencia en el medioambiente de los plásticos convencionales, aunque no se descarta completamente la formación de partículas más pequeñas durante la degradación, como se comentará más adelante. A día de hoy, la normativa europea aconseja el uso de los bioplásticos biodegradables en las aplicaciones en las que es difícil eliminar o recoger un producto concreto o sus fragmentos del medioambiente tras su uso (por ejemplo, cobertores de mantillo, artículos de pesca), o en las que es difícil separar el plástico de la materia orgánica destinada a un flujo de residuos de compostaje (biomasa vegetal o embalaje con residuos alimentarios), así como al tratamiento de aguas residuales. También pueden considerarse los casos de basura derivada de una abrasión incontrolada.

Para entender las posibles aplicaciones de los bioplásticos, es muy importante diferenciar la biodegradación del compostaje. La biodegradación del plástico es la conversión microbiana de todos sus componentes orgánicos en otros más sencillos (como dióxido de carbono, metano, sales minerales, etc.), que puede llevarse a cabo en presencia de oxígeno o en condiciones anóxicas, dependiendo de las condiciones medioambientales. Por el contrario, el compostaje es la descomposición biológica controlada de materia orgánica en presencia de aire para formar un material similar al humus. Los métodos controlados de compostaje incluyen la mezcla y aireación mecánicas, la ventilación de los materiales dejándolos caer a través de una serie vertical de cámaras aireadas o la colocación del compost en montones al aire libre y su mezcla periódica.

¿Y por qué estos bioplásticos son biodegradables o compostables? Esto se debe a que su estructura polimérica se basa normalmente en enlaces hidrolizables por microorganismos como las bacterias y los hongos. Sobre todo en el caso de los polímeros basados en polímeros naturales, como el almidón o los polihidroxialcanoatos, los microrganismos están dotados con las enzimas necesarias para hidrolizarlos y utilizarlos como fuente de carbono.

Por tanto, las ventajas de utilizar soluciones renovables para los procesos de producción de bioplásticos y su biodegradabilidad/compostabilidad son indiscutibles. Sin embargo, los posibles escenarios de fin de vida (EoL) de los bioplásticos y su impacto en la salud humana y el medioambiente siguen siendo objeto de debate. A finales de la década de 1990 se asumía que los plásticos biodegradables podrían resolver el problema de la acumulación de plásticos en el medioambiente, dando por sentado que en los escenarios más obvios de fin de vida (por ejemplo, el medioambiente abierto y los vertederos) su desintegración no afectaría negativamente a los ecosistemas y que no se formarían micro y nanoplásticos.

Actualmente se sabe que la biodegradabilidad del plástico en el medioambiente abierto debe considerarse una propiedad sistémica, dado que depende no solo de las propiedades intrínsecas del material (por ejemplo, estructura química, peso molecular, cristalinidad, temperatura de transición vítrea), sino también de sus aditivos y de las condiciones ambientales, como los factores abióticos que pueden afectar a la integridad del material (por ejemplo, pH o temperatura) y las condiciones ambientales bióticas del lugar al que podría ir a parar el material, que podrían favorecer o dificultar la acción de las enzimas secretadas por los microorganismos de ese ecosistema (Sander *et al.*, 2024). Además, tendremos que asegurarnos no solo de su completa desintegración, sino que es esencial considerar los efectos tóxicos de la liberación masiva de componentes de biopolímeros hidrolizados sobre el ecosistema de destino o la de otros componentes que forman parte de la formulación del material final, como los aditivos añadidos para conferir las propiedades requeridas a las aplicaciones para las que fueron fabricados.

Una vez que los bioplásticos acaban en el medioambiente abierto (por ejemplo, suelo, estuarios, océanos), su estructura y biodegradabilidad pueden verse afectadas por las condiciones que los rodean (por ejemplo, luz solar, oxígeno, pH, temperatura, humedad), provocando la ruptura de las cadenas poliméricas. Sin embargo, estos procesos no implican una mineralización completa y la influencia de factores abióticos y bióticos podría dar lugar, de forma similar a sus homólogos petroquímicos, a la formación de micro y nanoplásticos antes de su mineralización completa. Aunque se supone que los micro y nanoplásticos procedentes de mezclas de polímeros biodegradables son temporales en el medioambiente abierto, no deben pasarse por alto, dado que pueden migrar fácilmente y, como se ha mencionado, su biodegradación completa depende en gran medida de las condiciones ambientales. De forma similar a los micro y nanoplásticos derivados de plásticos convencionales, los micro(bio)plásticos pueden comportarse como vectores, interactuando con otros contaminantes, como metales y contaminantes orgánicos persistentes y transportándolos a otros lugares. La liberación de micro(bio)plásticos también podría alterar el suelo y la biota acuática al cambiar las propiedades fisicoquímicas de los ecosistemas. Por tanto, sin dejar de lado los beneficios para el medioambiente que estos materiales aportan, es necesario seguir investigando y comprender mejor el impacto medioambiental de los micro y nanoplásticos procedentes de los bioplásticos.

Una solución pendiente: el reciclaje de los bioplásticos

De acuerdo al concepto de economía circular, es evidente que la biodegradabilidad intrínseca no es el único factor a considerar como solución eficaz para evitar la formación de micro y nanoplásticos; las estrategias de reducción, reutilización y reciclaje son necesarias para mantener los bioplásticos y sus derivados bajo el concepto de la economía circular (figura 8).

Cuando la reutilización ya no es posible, el reciclado de bioplásticos es el mejor escenario de fin de vida. Sin embargo, y específicamente en el caso de los bioplásticos, siguen siendo necesarias unas estrategias adecuadas de separación y clasificación. Actualmente, solo los bioplásticos no biodegradables como el bioPET pueden integrarse en los flujos de reciclado ya existentes, mientras que los bioplásticos restantes se tratan como contaminantes de los plásticos convencionales (Serrano-Aguirre y Prieto, 2024). Cuando los bioplásticos se mezclan con plásticos de origen fósil, podrían ser adecuadas diversas tecnologías de clasificación ya establecidas (por ejemplo, la clasificación por gravedad y la basada en triboelectricidad). Aunque los bioplásticos como el ácido poliláctico pueden separarse de las poliolefinas como el polietileno o el polipropileno mediante la clasificación por gravedad, este proceso es lento; su eficacia depende de las diferencias de densidad entre los polímeros y requiere un pretratamiento mecánico de los plásticos antes de la clasificación. Sin embargo, recientemente se ha empleado la espectroscopia de infrarrojo cercano para identificar y caracterizar con precisión las mezclas de polímeros sin ningún pretratamiento del material. En conjunto, estas tecnologías de clasificación pueden utilizarse para mejorar la eficacia de la clasificación de las recogidas de reciclado mixto, incluidos los bioplásticos.

Una vez que los polímeros se han clasificado adecuadamente, el reciclado puede abordarse con un enfoque mecánico, químico o biológico (enzimático o microbiano). En la actualidad, el reciclado mecánico se considera el escenario más aconsejable para los plásticos y los bioplásticos dado que tiene un bajo impacto medioambiental y económico. Aunque este enfoque podría ser la posibilidad más factible, las propiedades de los polímeros obtenidos, especialmente de los bioplásticos, serán inferiores en comparación con las de los plásticos convencionales. El reciclado químico podría no ser óptimo para los plásticos biodegradables, ya que existe la posibilidad de aplicar enzimas para la hidrólisis de polímeros. La hidrólisis enzimática de los bioplásticos puede ser una estrategia muy eficaz para el reciclaje, ya que además de consumir menos energía es más selectiva y menos perjudicial para el medioambiente, y evita la formación de microplásticos, facilitando la hidrólisis de los polímeros a sus componentes monoméricos.

FIGURA 8
Potenciales estrategias de reciclaje de bioplásticos.

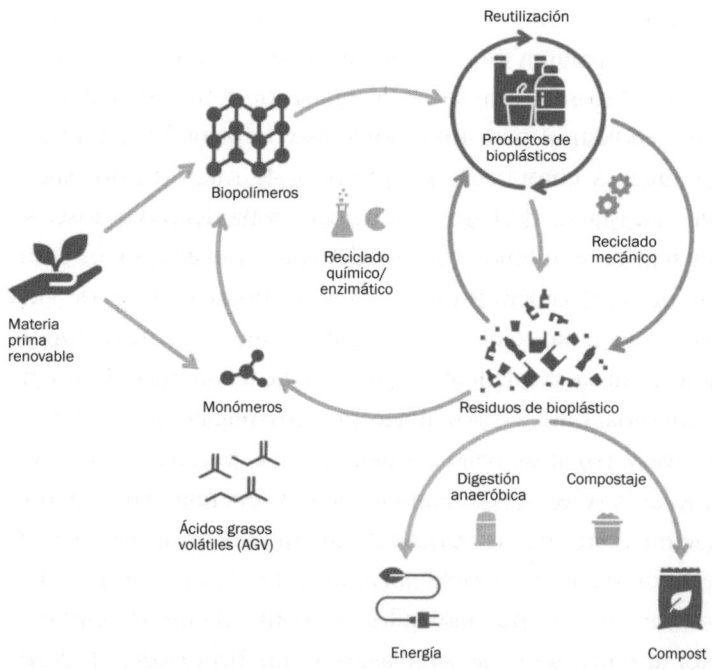

FUENTE: SERRANO-AGUIRRE Y PRIETO (2024).

Como ya se ha dicho, el tratamiento de los residuos bioplásticos para evitar la formación de micro y nanoplásticos puede implicar no solo el reciclado enzimático, sino también el compostaje y la digestión anaeróbica. Estas estrategias son aconsejables cuando los bioplásticos se mezclan con residuos sólidos orgánicos, para evitar fugas al medioambiente. El compostaje se realiza en dos pasos consecutivos: la descomposición del polímero en compuestos de bajo peso molecular y la captación y utilización de los componentes por parte de los microorganismos. Como en el medioambiente, en estas condiciones, la biodegradación del plástico también depende en gran medida del tiempo de compostaje, de factores ambientales bióticos y abióticos y de las propiedades del material.

Un aspecto a estudiar es que no siempre se dan las condiciones favorables en las instalaciones de compostaje doméstico o industrial para una hidrólisis completa, lo que puede dar lugar a compost con presencia de micro(bio)plásticos que, aunque con el tiempo acabarían biodegradándose, su impacto en el medioambiente debería ser evaluado. El compostaje se considera un proceso de escenarios de fin de vida sostenible, aunque el estudio de este aspecto es muy importante para la implementación de esta tecnología de forma controlada. La digestión anaeróbica permite la producción de metano a partir de residuos plásticos y la posterior liberación de CO_2 y H_2O, recuperando calor y energía para su uso. Además, este proceso puede controlarse para favorecer la liberación de ácidos grasos volátiles, como los ácidos acético y propiónico, que pueden utilizarse como fuente de carbono para la fabricación de bioplásticos por bacterias. En resumen, la revalorización de los residuos de bioplástico, acoplada a su producción, los convierte en un ejemplo claro de economía circular que evitaría la formación de micro y nanoplásticos.

CAPÍTULO 7

Regulación y políticas públicas en la contaminación por micro y nanoplásticos

La creciente preocupación global por la contaminación por plásticos ha impulsado, en los últimos años, la puesta en marcha de iniciativas regulatorias con el objetivo de mitigar su impacto ambiental y su potencial riesgo para la salud humana. Entre ellas, destaca la quinta sesión de la Asamblea de las Naciones Unidas para el Medio Ambiente (UNEA), celebrada en marzo de 2022, donde se alcanzó un acuerdo histórico: desarrollar un tratado internacional jurídicamente vinculante para poner fin a la contaminación por plásticos. Esta resolución marca un cambio de paradigma al reconocer que el problema del plástico va mucho más allá de los residuos visibles e involucra todo su ciclo de vida, desde la extracción de materias primas y la producción y el diseño de productos, hasta su uso, eliminación y fragmentación en partículas microscópicas y nanométricas.

Esta iniciativa internacional parte de la evidencia acumulada sobre el carácter ubicuo de los micro y nanoplásticos en los ecosistemas terrestres y acuáticos y su potencial de bioacumulación en la cadena alimentaria. Al tratarse de una forma de contaminación transfronteriza y persistente, se requiere una respuesta coordinada y multilateral.

Sin embargo, pese a estos avances, los marcos regulatorios existentes siguen siendo parciales e insuficientes. La mayoría de las medidas hasta la fecha se han centrado en productos concretos, como los plásticos de un solo uso o las microperlas añadidas intencionadamente en cosméticos. Aunque estas acciones han sido bien recibidas, representan solo una parte del problema. Un informe de la Organización para la Cooperación y el Desarrollo Económicos (OCDE) subraya que la liberación no intencionada de micro y nanoplásticos —por ejemplo, a partir del desgaste de textiles sintéticos, neumáticos o el uso industrial de *pellets* de plástico— constituye una fuente significativa de emisión de estas partículas al medioambiente. La OCDE recomienda que las políticas públicas prioricen la prevención desde el origen, particularmente en las fases de fabricación, como estrategia más eficaz y rentable para reducir la exposición ambiental.

En este contexto, la Unión Europea ha comenzado a incorporar el tema en su legislación ambiental y de productos químicos con la implementación de nueva normativa que restringe el uso de estos microplásticos primarios, lo cual es sin duda una medida urgente, ya que se estima que, solo en la Unión Europea, se utilizan unas 145 000 toneladas de estos microplásticos primarios cada año, que se incorporan en productos de uso cotidiano. Concretamente, el 25 de septiembre de 2023, la Comisión Europea lanzó una restricción sobre la producción y uso de estos microplásticos primarios, incluyendo en esta definición "todas las partículas poliméricas con tamaño inferior a 5 mm y de naturaleza orgánica, insoluble y que resista degradación". El objetivo es reducir la contaminación por microplásticos producidos o añadidos intencionalmente en la mayor cantidad de productos posibles (Unión Europea, 2023).

Con esta regulación, la Comisión Europea persigue reducir la contaminación por plástico en un 30% para 2030. La medida fue tomada tras la evaluación realizada por la Agencia Europea de Sustancias y Mezclas Químicas (ECHA), que concluyó que los microplásticos incorporados intencionalmente en productos se liberan al medioambiente de un modo incontrolado, por lo que recomendó su restricción. Basándose en esta evidencia científica de la ECHA, la Comisión hizo una propuesta de restricción bajo el Reglamento REACH (acrónimo de Registro, Evaluación, Autorización y Restricción de sustancias y mezclas químicas), que fue posteriormente aprobado por los Estados miembros y evaluado por el Parlamento y el Consejo Europeo antes de su adopción formal.

Algunos de los productos para los que aplica esta regulación incluyen, por ejemplo, el relleno en superficies deportivas (como el césped artificial), la purpurina, ciertos productos cosméticos (donde los microplásticos suelen utilizarse como exfoliantes o para conseguir determinadas texturas, aromas o colores), así como en detergentes, suavizantes, juguetes, entre otros. Se han excluido de esta normativa ciertos productos destinados a usos específicos y que ya vienen regulados por otras directivas, como productos médicos, veterinarios, fertilizantes y aditivos alimentarios. Para aquellos productos a los que sí aplica esta normativa, se han establecido diversos periodos de transición con la finalidad de permitir a las empresas el tiempo suficiente para encontrar alternativas viables como, por ejemplo, el uso de polímeros degradables. Estos plazos de implementación varían según el tipo de producto y su uso final.

A nivel nacional, varios países europeos —como Francia, Suecia, Italia, España, los Países Bajos y el Reino Unido— han implementado medidas propias para limitar el uso de micro y nanoplásticos en procesos industriales, sobre todo en cosméticos y productos de cuidado personal. Por su parte, Estados Unidos prohibió en 2015 la fabricación y comercialización de cosméticos y dentífricos con microperlas de plástico mediante la ley Microbead-Free Waters Act. Canadá, Corea del Sur y otros países han adoptado políticas similares. Sin embargo, estas normativas siguen centradas mayoritariamente en partículas añadidas de forma deliberada, y aún queda un largo camino por recorrer para abordar las emisiones derivadas del uso y la degradación de productos plásticos a lo largo de su vida útil.

En el ámbito alimentario, a pesar de que los micro y nanoplásticos no se añaden intencionadamente a los alimentos, su presencia como contaminantes emergentes ha generado inquietud en la comunidad científica y reguladora. No obstante, aún no existen normativas específicas que regulen su presencia en alimentos o bebidas. En la Unión Europea, los materiales plásticos en contacto con alimentos están regulados de forma estricta, pero los micro y nanoplásticos no se incluyen actualmente en esas normativas. Sin embargo, directivas recientes han empezado a reconocer el potencial riesgo para la salud de estos compuestos, recomendando su inclusión en listas de vigilancia y fomentando el desarrollo de metodologías para su detección y evaluación. El pasado 23 de enero de 2024, la Comisión adoptó normas mínimas de higiene para los materiales y productos que entran en contacto con el agua potable

(Comisión Europea, 2024). Estos requisitos serán de aplicación tanto para nuevas instalaciones como modificaciones de las existentes desde el 31 de diciembre de 2026.

Asimismo, la EFSA ha promovido estudios para evaluar la toxicidad potencial de los micro y nanoplásticos tras su ingestión, aunque concluye que, con la evidencia actual, no es posible establecer una evaluación de riesgos completa. En España, la AESAN publicó en 2019 un informe que llegaba a conclusiones similares: se reconoce la necesidad de avanzar en el conocimiento sobre la toxicocinética y toxicodinámica de los micro y nanoplásticos, así como en la estandarización de métodos de análisis (Rubio Armendáriz *et al.*, 2019). Otros países también han comenzado a actuar. En Australia, Canadá y Estados Unidos, entre otros, las autoridades alimentarias reconocen la potencial peligrosidad de los micro y nanoplásticos y están impulsando investigaciones para conocer mejor su impacto sobre la salud humana. Estas investigaciones incluyen posibles efectos inmunológicos y gastrointestinales e incluso la relación con fenómenos como la resistencia a antibióticos.

A pesar de estas iniciativas, el desarrollo normativo se enfrenta a obstáculos importantes. Entre ellos destacan la falta de métodos analíticos estandarizados, la variabilidad en tamaño, forma y composición de los micro y nanoplásticos y la limitada información disponible sobre sus efectos en el organismo humano. Por ello, aunque existe un consenso sobre la necesidad de regular, también se coincide en que aún se requiere de un esfuerzo considerable de investigación para poder establecer límites seguros, protocolos de control y medidas de gestión adecuadas.

CAPÍTULO 8

Los desafíos del futuro

La vigilancia medioambiental del aire, el agua, los alimentos y la biota proporciona pruebas convincentes de que los micro y nanoplásticos están presentes en los rincones más remotos del planeta, pero también en los lugares más cotidianos: en nuestros alimentos, en el agua potable y en el aire que respiramos. Sin embargo, sus concentraciones son muy variables y están influidas por la actividad humana. Esta contaminación ubicua plantea desafíos científicos urgentes que van más allá de los laboratorios: son retos que afectan directamente a la salud humana y al equilibrio de los ecosistemas, y cuya solución necesita también del compromiso de la sociedad. En este libro se han revisado los avances en el conocimiento sobre la contaminación por micro y nanoplásticos, así como las áreas clave en las que la investigación científica resulta fundamental para comprender y afrontar sus riesgos. La tabla 1 presenta un resumen de los principales aspectos tratados, destacando tanto lo que ya sabemos como las lagunas que aún persisten en relación con su presencia, exposición, efectos potenciales y regulación.

Aunque todavía no se han establecido riesgos concluyentes para el ser humano, numerosos estudios bien diseñados han planteado serias dudas sobre la inocuidad de los micro y nanoplásticos, tanto para nuestra especie como para otras cuya salud repercute directamente sobre la nuestra. El problema es que, hasta el momento, los estudios realizados sobre la exposición humana son escasos y están muy concentrados geográficamente. Por ejemplo, la fracción inhalable de las partículas —la más preocupante desde el punto de vista respiratorio— solo ha sido evaluada en unos pocos entornos urbanos. Del mismo modo, los estudios dietéticos se han centrado en unas pocas categorías de alimentos. Por ello, los datos disponibles solo permiten hacer estimaciones aproximadas y con importantes limitaciones analíticas. No disponemos de una evaluación cuantitativa robusta de la exposición total a los micro y nanoplásticos. A esto se suma la necesidad urgente de ampliar la investigación hacia otras fuentes de potencial riesgo y todavía poco exploradas.

Uno de los grandes obstáculos científicos es, paradójicamente, saber con precisión cuánto plástico hay realmente en nuestro entorno. Aún no conocemos con exactitud cuáles son las concentraciones ambientales de micro y nanoplásticos, especialmente de las partículas más pequeñas. Aunque existen tecnologías avanzadas capaces de detectar partículas microscópicas, la realidad es que todavía estamos lejos de contar con métodos analíticos estandarizados y comparables, especialmente en el caso de los nanoplásticos, cuya detección y caracterización sigue siendo extraordinariamente compleja. No entendemos del todo cómo se comportan ni cuáles son sus efectos a nivel individual o poblacional. Incluso la tasa de formación de plásticos secundarios en la naturaleza sigue siendo poco conocida y, sin ella, no podemos estimar el impacto real que tienen la producción de plástico y la gestión de residuos por su acumulación en el medioambiente. Para avanzar en este campo es imprescindible desarrollar y consensuar protocolos analíticos validados, materiales de referencia certificados y procedimientos de control de calidad reproducibles. Sin estos elementos, los estudios pierden solidez y no pueden aprovecharse adecuadamente para una evaluación rigurosa del riesgo.

También es fundamental mejorar el conocimiento sobre los posibles efectos nocivos de los micro y nanoplásticos para los ecosistemas y, especialmente, para el ser humano. Aunque aún no se ha demostrado una relación causal directa con enfermedades humanas, se han documentado efectos adversos como inflamación, estrés oxidativo y alteraciones celulares y metabólicas en modelos animales y en ensayos en modelos *in vitro*. Pero aún falta por responder una pregunta clave: ¿cuáles son las causas reales de estos efectos? ¿Son los polímeros en sí, los aditivos químicos que contienen o los contaminantes ambientales que pueden transportar? La respuesta es compleja y requiere investigaciones que representen de forma más fiel las condiciones reales de exposición humana. Asimismo, se deben estudiar aspectos aún poco abordados como la bioacumulación en tejidos humanos, la capacidad de los micro y nanoplásticos para traspasar barreras biológicas y su posible papel como vectores de microorganismos patógenos o genes de resistencia antimicrobiana.

Es fundamental mantener el impulso de la comunidad científica sobre cuál es la mejor manera de abordar las incertidumbres existentes, las nuevas iniciativas para reducir el uso del plástico, las innovaciones en la ciencia de los materiales y las medidas que favorezcan una reducción de la exposición, que solo puede tener beneficios generalizados para los seres humanos y el medioambiente. Mientras tanto, hay mucho por hacer en materia de prevención. Una línea prioritaria es el rediseño de materiales plásticos para que liberen menos partículas durante su uso y descomposición. En esta línea, iniciativas como la plataforma interdisciplinar (PTI) SusPlast del CSIC promueven enfoques innovadores para el desarrollo de materiales más sostenibles. Especialmente, la innovación en bioplásticos y los materiales alternativos juega un papel clave, pero es esencial evaluar críticamente su ciclo de vida completo ya que, en muchos casos, no son tan sostenibles ni inocuos como parecen si no se gestionan adecuadamente tras su uso. En paralelo, urge mejorar las tecnologías de tratamiento de aguas y residuos, incluyendo soluciones de filtrado y remediación, es decir, métodos que permitan eliminar estas partículas del medioambiente y que estén adaptados a partículas tan pequeñas como los nanoplásticos. Y lo más importante: necesitamos reducir drásticamente la producción y el consumo de plásticos de un solo uso, responsables de buena parte de la fragmentación secundaria que genera micro y nanoplásticos en el medio.

La ciencia, por sí sola, no basta: debe inspirar y respaldar la acción. Y en este sentido, la regulación también debe evolucionar. Aunque falten datos concluyentes, el principio de precaución justifica medidas que reduzcan la exposición mientras la ciencia avanza. Algunos países ya han empezado a legislar sobre los aditivos más problemáticos, las microperlas en cosméticos o las emisiones de fibras sintéticas. Pero, probablemente, aún queda mucho camino por recorrer para establecer límites, protocolos de vigilancia y criterios de seguridad específicos para micro y nanoplásticos. Y es aquí donde la sociedad tiene un papel decisivo. Reducir el uso de plásticos innecesarios, apoyar la investigación y la innovación y comprender la importancia de estos retos es tan crucial como cualquier avance científico. La ciencia necesita del interés social para transformarse en acción y políticas públicas. El cuadro 1 muestra, a modo de ejemplo, algunas de las estrategias para la concienciación en el cambio que se necesita abordar.

Para terminar, este libro ha querido trasladar la convicción de que nos enfrentamos a un reto compartido. Es un desafío complejo, sí, pero no fuera de nuestro alcance. Comprender mejor el problema, medir con precisión, prevenir sus consecuencias y actuar con decisión son los pilares de una respuesta integral y eficaz. Aunque todavía tengamos más preguntas que respuestas, la evidencia acumulada en los últimos años apunta de forma clara a que los micro y nanoplásticos no son inofensivos. Proteger la salud humana y del planeta requiere reforzar el conocimiento científico, aplicar de forma responsable lo que ya sabemos y avanzar sin demora hacia un modelo de producción y consumo verdaderamente sostenible.

Tabla 1
Conclusiones y áreas clave donde es urgente ampliar el conocimiento sobre los micro y nanoplásticos.

ASPECTO	MICROPLÁSTICOS	NANOPLÁSTICOS
Definición	Partículas plásticas < 5 mm. Originadas por la fragmentación de objetos más grandes o añadidas intencionadamente en productos.	Fragmentos < 1 micra. Pueden generarse por degradación de microplásticos o producirse directamente a escala industrial.
Presencia ambiental	Altamente extendidos en medios acuáticos, terrestres y atmosféricos. Hallados en aguas, suelos, nieve, aire y organismos.	Aún más ubicuos. Su pequeño tamaño les permite permanecer en suspensión y alcanzar lugares remotos o protegidos.

ASPECTO	MICROPLÁSTICOS	NANOPLÁSTICOS
Exposición humana	Inhalación e ingestión diaria plausible a través de agua, sal, pescado, mariscos, frutas, verduras, alimentos procesados, etc. También es posible por contacto dérmico.	Aún sin datos precisos, pero su tamaño sugiere una mayor absorción y posible entrada directa al sistema circulatorio y a los órganos.
Retención en el organismo	Retenidos principalmente en el tracto gastrointestinal. Se ha detectado su presencia en heces, órganos y tejidos humanos y animales.	Posibilidad de atravesar barreras celulares y acumularse en tejidos profundos (pulmones, hígado o placenta, entre otros).
Riesgos potenciales para la salud	Adsorben contaminantes y aditivos (metales, pesticidas, disruptores endocrinos) y pueden liberarlos en el cuerpo. Pueden actuar como vectores de virus y bacterias.	Riesgo más elevado por su mayor superficie específica. Posibles efectos celulares: estrés oxidativo, inflamación, disrupción de barreras biológicas.
Bioindicadores	Bivalvos como mejillones y ostras por su capacidad filtradora. Utilizados para evaluar la contaminación costera.	Investigación preliminar en organismos acuáticos pequeños. Se estudia su impacto en el fitoplancton y el zooplancton.
Marco regulatorio actual	Regulaciones iniciales sobre microplásticos añadidos (cosméticos, productos de higiene). Directivas emergentes en relación al agua, sin legislación específica en alimentos y bebidas y con grandes diferencias entre países.	No existen aún normativas específicas. Son considerados contaminantes emergentes y es necesaria su inclusión en nuevas directivas de alimentos y bebidas
Principales desafíos	Falta de métodos analíticos estandarizados para su detección y cuantificación. Gran variabilidad físico-química.	Aún mayor dificultad analítica. Se requieren metodologías robustas, validadas y accesibles para cuantificarlos y evaluar riesgos.
Necesidades urgentes	Estudios toxicológicos en humanos, definición de dosis de referencia, caracterización del riesgo. Protocolos armonizados de muestreo y análisis.	Investigar su toxicocinética y efectos sistémicos. Generar datos que permitan sustentar decisiones regulatorias y sanitarias.
Alternativas sostenibles	Se están promoviendo productos sin microplásticos añadidos y estrategias de reducción en envases y textiles. Sin embargo, su eliminación completa sigue siendo difícil. Desarrollo incipiente de materiales alternativos con menor impacto. Evaluación crítica de los llamados bioplásticos, que no siempre son biodegradables ni inocuos.	
Bioplásticos y materiales alternativos	Promovidos como solución parcial, aunque algunos pueden generar microplásticos al degradarse. Necesidad de garantizar su biodegradabilidad real y seguridad. Evaluación aún más limitada para los nanoplásticos. Falta conocer si también pueden liberar partículas a escala nano y qué riesgos podrían implicar.	

Cuadro 1

Estrategias para enfrentar la contaminación por micro y nanoplásticos.

Educación y sensibilización pública

- Campañas informativas sobre los riesgos ambientales y para la salud humana asociados a los micro y nanoplásticos.

- Uso de medios de comunicación, redes sociales, escuelas y comunidades locales.

- Fomentar la implicación de la ciudadanía en iniciativas locales para reducir el uso de plásticos y su impacto ambiental.

Alternativas sostenibles

- Fomentar el uso de productos reutilizables, biodegradables y ecológicos en lugar de plásticos convencionales de un solo uso.
- Sustituir productos que contienen micro y nanoplásticos (cosméticos, productos de limpieza...), y reducir plásticos de un solo uso.

Políticas y regulación

- Impulsar normativas más estrictas sobre la producción, uso y liberación de micro y nanoplásticos.
- Colaborar con legisladores para integrar medidas de reducción de plásticos en toda la cadena de valor.

Gestión de residuos y reciclaje

- Promover el reciclaje adecuado y la gestión responsable de residuos para evitar la liberación de los micro y nanoplásticos.
- Reducir el uso de plásticos de un solo uso.

Iniciativas empresariales

- Incentivar prácticas empresariales sostenibles y responsables con el medioambiente.
- Reconocer a las empresas que reducen activamente la presencia de micro y nanoplásticos en sus productos.

Investigación y desarrollo

- Invertir en el desarrollo de alternativas a los productos que contienen micro y nanoplásticos.
- Innovar en tecnologías de filtrado y tratamiento de aguas residuales para evitar su liberación.

Colaboración global

- Participar en esfuerzos internacionales para enfrentar la contaminación por micro y nanoplásticos, entendiendo que se trata de un desafío global.

Bibliografía

ALVES, R. N. *et al.* (2017): "Preliminary assessment on the bioaccessibility of contaminants of emerging concern in raw and cooked seafood", *Food and Chemical Toxicology*, vol. 104, 69e78.

ARMATO-LOURENÇO, L.F. *et al.* (2021): "Presence of airborne microplastics in human lung tissue", *Journal of Hazardous Materials*, 416(15), 126124.

COMISIÓN EUROPEA (2024): "Implementing Decisions and Delegated Regulations under the Drinking Water Directive", *Environment Publications*.

EFSA (2011): "Use of the EFSA Comprehensive European Food Consumption Database in Exposure Assessment", *EFSA Journal*, vol. 9, n° 3, 2097.

— (2015): "Food classification and description system 926 FoodEx 2 (revision 2)", *EFSA Supporting Publications*, vol. 12, n.° 5, 804E.

— (2021): "FoodEx2 maintenance 2020", *EFSA Journal*, vol. 18, n.° 3, 6507E.

EFSA PANEL ON CONTAMINANTS IN THE FOOD CHAIN (EFSA CONTAM PANEL) (2016): "Presence of microplastics and nanoplastics in food, with particular focus on seafood", *EFSA Journal*, vol. 14, n.º 6, 4501.

EUROPEAN BIOPLASTICS (2022): "What are bioplastics? Material types, terminology, and labels – an introduction", *Fact Sheet*.

GEYER *et al.* (2017): "Global plastics production" [dataset], "Production, use, and fate of all plastics ever made", "Global Plastics Outlook - Plastics use by application", OECD.

GIRÓN-GUZMÁN, I. *et al.* (2024): "Longitudinal study on the multifactorial public health risks associated with sewage reclamation", *npj Clean Water*, 7, 72.

HERNÁNDEZ-ARRIAGA, M. A. *et al.* (2022): "When microbial biotechnology meets material engineering", *Microbial Biotechnology*, 15, pp. 149-163.

JIMÉNEZ-ARROYO, C. *et al.* (2023): "Simulated gastrointestinal digestion of polylactic acid (PLA) biodegradable microplastics and their interaction with the gut microbiota", *Science of the Total Environment*.

NAVA, V. *et al.* (2023) "Plastic debris in lakes and reservoirs", *Nature*, 619, pp. 317-322.

NIHART, A. J. *et al.* (2025): "Bioaccumulation of microplastics in decedent human brains", *Nature Medicine*, vol. 31.

NISSEN, L. T *el al.* (2024): "Single exposure of food-derived polyethylene and polystyrene microplastics profoundly affects gut microbiome in an in vitro colon model", *Environment International*, 1190, 108884.

OCDE (2024): *Policy Scenarios for Eliminating Plastic Pollution by 2040*, OECD Publishing, París.

PINILLOS, I.; ROLDÁN, M. y MORENO-ARRIBAS, M. V. (2025): "Translocation of microplastics in human tissues and impact on gut microbiota", en P. Avino *et al.* (eds.),

Microplastics in Agriculture and Food Science. Methods for Identification and Remediation, Elservier Academic Press 1st Edition, febrero.

RAMSPERGER, A. F. R. M. *et al.* (2023): "Nano- and microplastics: a comprehensive review on their exposure routes, translocation, and fate in humans", *NanoImpact*, 29, 100441.

ROSENBOOM, J.-G.; LANGER, R. y TRAVERSO, G. (2022): "Bioplastics for a circular economy", *Nature Reviews Materials*, 7, pp. 117-137.

RUBIO ARMENDÁRIZ, C. *et al.* (2019): "Informe del comité científico de la Agencia Española de Seguridad Alimentaria y Nutrición (AESAN) sobre la presencia y la seguridad de los plásticos como contaminantes en los alimentos", Agencia Española de Seguridad Alimentaria y Nutrición, 49e84.

SANDER, M. *et al.* (2024): "Polymer biodegradability 2.0: A holistic view on polymer biodegradation in natural and engineered environments", *Advances in Polymer Science*, 293, pp. 65-110.

SERRANO-AGUIRRE, L. y PRIETO, A. (2024): "Can bioplastics always offer a truly sustainable alternative to fossil based plastics?", *Microbial Biotechnology*, 17(4), e14458.

TAMARGO, A. *et al.* (2022): "PET microplastics affect human gut microbiota communities during simulated gastrointestinal digestion, first evidence of plausible polymer biodegradation during human digestion", *Scientific Reports*, 12(1), 528.

THOMPSON, R.C. *et al.* (2004): "Lost at sea: Where is all the plastic?", *Science*, 304, 838.

— (2024): "Twenty years of microplastics pollution research- what have we learned?", *Science*, 386, 6720.

Unión Europea (2023): "Reglamento (UE) 2023/2055 de la Comisión de 25 de septiembre de 2023", *Diario Oficial de la Unión Europea*.

WHO (2019): *Microplastics in drinking-water*, World Health Organization.

— (2022): "Dietary and inhalation exposure to nano- and microplastic particles and potential implications for human health".

Wang, M. *et al.* (2025): "Assessing Microplastic and Nanoplastic Contamination in Bird Lungs: Evidence of Ecological Risks and Bioindicator Potential", *Journal of Hazardous Material*, 487, 137274.

Títulos de la colección
¿Qué sabemos de?